Grundwissen Produktion
Produktions- und Kostentheorie

SCHRIFTEN ZUR PRODUKTION
Herausgegeben von
Thomas Witte und Bernd Rieper

Band 5

PETER LANG
Frankfurt am Main · Berlin · Bern · New York · Paris · Wien

Bernd Rieper
Thomas Witte

Grundwissen Produktion

Produktions- und Kostentheorie

3., überarbeitete Auflage

PETER LANG
Europäischer Verlag der Wissenschaften

Die Deutsche Bibliothek - CIP-Einheitsaufnahme

Rieper, Bernd:

Grundwissen Produktion : Produktions- und Kostentheorie / Bernd Rieper ; Thomas Witte. - 3., überarb. Aufl. - Frankfurt am Main ; Berlin ; Bern ; New York ; Paris ; Wien : Lang, 1995
(Schriften zur Produktion ; Bd. 5)
ISBN 3-631-48214-0

NE: Witte, Thomas:; GT

ISSN 0178-0751
ISBN 3-631-48214-0

3., überarb. Aufl. 1995

Printed in Germany 1 2 3 5 6 7

Vorwort

Dieses Buch entstand ausgehend von einem Skript, das parallel zur Vorlesung Produktions- und Kostentheorie im Sommersemester 1990 an der Universität Osnabrück erstellt worden ist. Ausgangspunkt waren handschriftliche Notizen der beiden Autoren aus früheren Veranstaltungen. Da damals der Inhalt einer rigorosen Überprüfung unterzogen wurde, war ein Großteil des Lehrstoffes in dieser Form noch nicht in einführenden Lehrbüchern zu finden. Eine überarbeitete Version des Skriptes wurde dann in Siegen eingesetzt. Schließlich resultierte die Zusammenarbeit zwischen den Lehrstühlen für Produktionswirtschaft der Universitäten Osnabrück und Siegen in der ersten Auflage des Buches in 1992. Es hat sich jetzt als Unterlage für die einführenden Veranstaltungen des Grundstudiums in Siegen und Osnabrück mehrfach bewährt. Die 3. Auflage wurde vollständig überarbeitet. Text und Graphik haben ein neues Layout bekommen. Auch wurden die Literaturangaben aktualisiert.

Die neuerlich notwendigen Schreibarbeiten erledigten dankenswerter Weise Frau Hannelore Eggemann und Frau Sylvia Wulff. Herr Martin Müllmann erstellte die Graphiken komplett neu. Die Endredaktion führte Frau Dr. Jutta Brockhage durch. Auch Ihnen sei herzlich gedankt.

Bernd Rieper

Thomas Witte

Siegen und Osnabrück, im Juli 1994

Inhaltsverzeichnis

Abbildungsverzeichnis

Übungsverzeichnis

1. Vorbemerkungen: Theorien, Modelle und wissenschaftliche Problemlösungen

Eine *Theorie* ist die einheitliche Erklärung von Sachverhalten und Zusammenhängen in einem Gegenstandsbereich. Im wesentlichen besteht sie aus Aussagen über den Gegenstandsbereich, welche dessen relevanten Elemente und deren Abhängigkeit voneinander in der Form einer Gesetzmäßigkeit beschreiben. Eine Theorie unterscheidet sich von einer einfachen Meinungsäußerung oder einem Glaubenssatz dadurch, daß gleichzeitig mit ihren Aussagen eine Methode zur Überprüfung ihrer Richtigkeit geliefert wird. Dabei hat Richtigkeit weniger mit dem Anspruch einer absoluten und objektiven Wahrheit - was auch immer das sei - zu tun als mit dem Angebot einer inhaltlich gehaltvollen Aussage, die praktisch brauchbar ist. Ob etwas praktisch brauchbar ist, erweist sich dadurch, daß Personen, die die Theorie beherrschen, sich in dem Gegenstandsbereich besser zurechtfinden als Personen, die die Theorie nicht kennen. Ausschlaggebend für die Güte einer Theorie ist also die Verbesserung der Fähigkeit, Probleme zu lösen.

Gegenstandsbereich der folgenden Überlegungen ist die Produktion von Sachgütern und Dienstleistungen sowie die damit verbundenen Kosten. Systematisch geordnet und in Gesetzmäßigkeiten gefaßt werden sollen somit Sachverhalte, die bei der Herstellung von Dingen eine Rolle spielen. Anders als in der Physik, wo sich alles aus wenigen grundlegenden Gesetzen erklären läßt, wird in dem Bereich der Produktion und der damit verbundenen Kosten eine Vielzahl von begrenzteren Theorien miteinander kombiniert, um befriedigende Erklärungen von Teilbereichen zu finden. Diese begrenzteren Theorien schlagen sich in Modellen nieder. *Modelle* sind mathematische Beschreibungen von Teilausschnitten des Gegenstandsbereichs. Sie verbinden die formalen Abbilder von relevanten Gegenständen auf realitätskonforme Weise miteinander. Im Gegensatz zu Überlegungen der Mathematik haben die Bestandteile der hier skizzierten Modelle eine inhaltliche Bedeutung. Die Gegenstände, die durch sie beschrieben werden, müssen in der Realität in dem untersuchten Gegenstandsbereich existieren und in einem entsprechenden Zusammenhang stehen.

Die Abbildung 1.1 beschreibt den Gang einer *wissenschaftlichen Problemlösung*, wie er im Idealfall auch für die Produktions- und Kostentheorie zutreffen sollte. Ausgangspunkt der Überlegungen ist ein reales Problem, das heißt, ein Sachverhalt, mit dem eine Person unzufrieden ist und der verbesserbar erscheint. Auf systematischem Wege läßt sich eine Lösung für das reale Problem finden, wenn es in ein formales Problem (mathematisches Modell) überführt werden kann, das ein sachgerechtes und strukturgetreues Bild des realen Problems liefert.

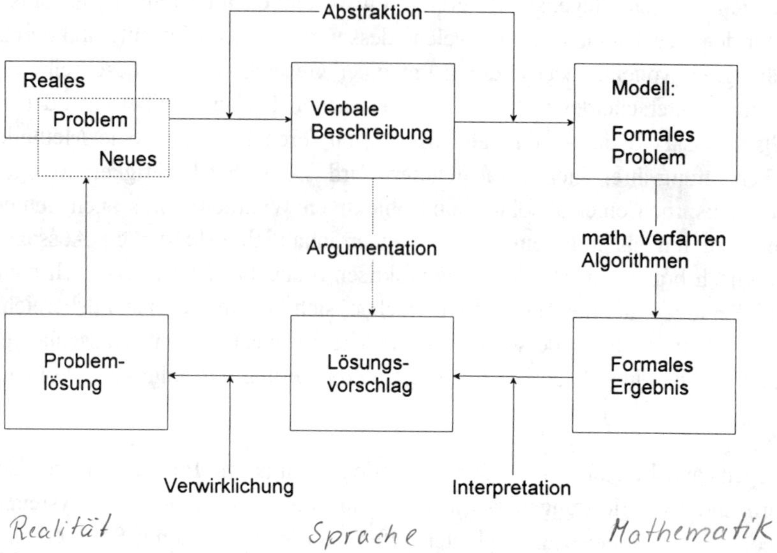

Abbildung 1.1: Grundschema der wissenschaftlichen Problemlösung

Die Modellbildung geschieht auf dem Wege der Abstraktion. Diese muß als eine konstruktive Leistung angesehen werden und besteht darin, für den betrachteten Gegenstandsbereich die interessierenden Sachverhalte auszuwählen, eine Entscheidung darüber zu treffen, welche dieser Sachverhalte als beeinflußbar bzw. nicht beeinflußbar angesehen werden sollen, sowie die Zusammenhänge zwischen diesen Sachverhalten zu klären. Dieser Abstraktions- oder Konstruktionsprozeß kann dabei zunächst in eine detaillierte verbale Beschreibung des Problems einmünden, die auch genutzt werden kann, um auf argumentativem Wege einen Lösungsvorschlag zu entwickeln. Aber erst die Formalisierung macht das Problem mathematischen Verfahren und Algorithmen zugänglich. Das Ergebnis ist zunächst nur formaler Natur, aber durch Interpretation läßt sich aus dem formalen Ergebnis ein Lösungsvorschlag für das reale Problem gewinnen. Ob dieser tatsächlich zu einer Lösung des realen Problems führt, läßt sich erst nach seiner Verwirklichung feststellen. Die realisierte Problemlösung kann die endgültige Lösung des Problems darstellen oder zu einem neuen Problem führen, für das auf dem beschriebenen Wege erneut eine Lösung zu entwickeln ist.

Aufgabe 1.1:

Suchen Sie aus einem allgemeinen Lexikon das Stichwort Theorie. Vergleichen Sie das oben skizzierte Theorieverständnis mit der aufgefundenen Definition. Erläutern Sie Abweichungen.

Literaturhinweise und Leseliste zum 1. Kapitel:

Einführende Literatur:

Adam, D., Planung und Entscheidung. Modelle – Ziele – Methoden, 3. vollst. überarb. u. erw. Auflage, Wiesbaden 1993, S. 44-79. (*)

Weiterführende Literatur:

Rieper, B., Betriebswirtschaftliche Entscheidungsmodelle, Herne 1992, S. 17-34.

Witte, Th., Heuristisches Planen, Wiesbaden 1979, S. 17-27.

(*) Pflichtlektüre

2. Der Gegenstand der Produktions- und Kostentheorie: Die Analyse und die Gestaltung produktiver Systeme

2.1 Die Betrachtung zweier konkreter Produktionssituationen

Um eine konkrete Produktionssituation bestmöglich zu erfahren, muß man die Realität betrachten. Die zweitbeste Möglichkeit besteht darin, eine möglichst genaue Beschreibung einer konkreten Produktionssituation durchzuarbeiten. Im folgenden werden zwei derartige Beschreibungen vorgestellt. Sie sollen im weiteren zur Demonstration der Konzepte der Produktions- und Kostentheorie herangezogen werden.

2.1.1 Beispiel 1: Eine Möbelfabrik

Das erste Beispiel beschreibt ein Unternehmen der Möbelindustrie mit rund 700 Mitarbeitern. Hergestellt werden Kastenmöbel für Wohn- und Schlafzimmer sowie sogenannte Jugendzimmer in etwa 30 Programmreihen. Jede Programmreihe besteht aus 5 bis 30 unterschiedlichen Möbeltypen, die wiederum in bis zu drei unterschiedlichen Fronten angeboten werden. Aufgrund der Nachfragesituation erfolgt sowohl eine auftragsgebundene Fertigung für die kundenspezifische Nachfrage als auch eine nicht auftragsgebundene Fertigung für einen zunächst anonymen Markt. Im letzteren Fall erfolgt der Verkauf vom Lager.

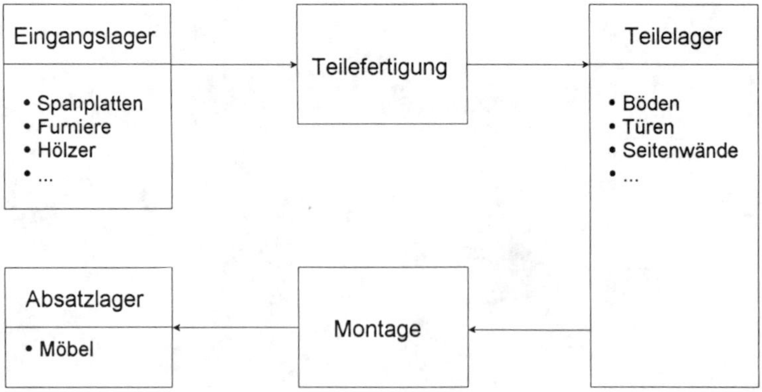

Abbildung 2.1: Der Materialfluß in einer Möbelfabrik

Die Produktion ist räumlich in mehrere Bereiche eingeteilt, die man sich am einfachsten als aneinandergrenzende Hallen vorstellen kann. Einen Überblick kann man sich verschaffen, wenn man die Fertigung entlang dem Materialfluß vom Eingangslager des Rohmaterials über die zunehmenden Fertigstellungsgrade bis zum Fertiglager und Versand verfolgt. Abbildung 2.1 gibt einen Überblick über die Bereiche der Produktion.

Schaut man sich die Fertigungsbereiche Teilefertigung und Montage genauer an, stellt man fest, daß es in beiden Bereichen eine Vielzahl verschiedener Arbeitsplätze gibt, an denen Herstellungsvorgänge unterschiedlichster Art ablaufen. Die *Teilefertigung* ist dadurch gekennzeichnet, daß Teile wie Türen, Rückwände, Einlegeböden, Bettrahmen usw. von Werkern an Maschinen bearbeitet werden. So werden zunächst die Spanplatten mit einer Säge nach Plan zerlegt. Danach durchlaufen die Zuschnitte einen Beschichtungsautomaten, der die Platten mit einem Kunststoff beschichtet oder mit Furnieren versieht. Im weiteren folgen Bearbeitungsgänge wie Fräsen, Bohren, Sägen von Rundungen oder Setzen von Dübeln, die alle mit mehr oder weniger Maschinenunterstützung durchgeführt werden. In der Regel werden mehrere gleichartige Teile nacheinander bearbeitet.

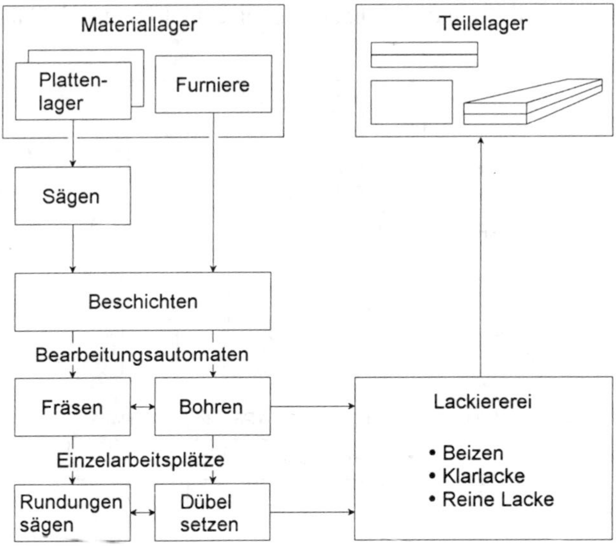

Abbildung 2.2: Die Arbeitsplätze in der Teilefertigung

Typisch für einen Arbeitsplatz in diesem Bereich ist eine Anordnung, bei der Vormaterial vor der Maschine lagert. Dieses Material wird durch einen Werker der Maschine zugeführt und nach der Bearbeitung hinter der Maschine gelagert. Von hier wird es dann in den Vormaterialbereich eines weiteren Arbeitsplatzes gebracht oder, wenn es fertig bearbeitet ist, auf das Teilelager gelegt. Die Reihenfolge der Bearbeitungsgänge hängt davon ab, welches Teil erstellt werden soll. Es gibt daher in diesem Fertigungsbereich keinen einheitlichen Materialfluß. In einem abgeteilten Bereich der Fertigungshalle befindet sich die Lackiererei. Hier erfolgt eine Oberflächenbehandlung der sichtbaren Teile der Möbel. Furniere werden gebeizt und mit Klarlack behandelt, andere Oberflächen werden mit farbigen Lacken versehen. Abbildung 2.2 zeigt eine Anordnung der Arbeitsplätze in der Teilefertigung.

Im *Teilelager* werden alle Teile bevorratet, die für den späteren Zusammenbau der Möbel benötigt werden. Dabei müssen rund 10.000 unterschiedliche Teile verwaltet werden, etwa 6.000 aus der eigenen Fertigung und rund 4.000 fremdbezogene Teile. Insbesondere werden alle Arten von Beschlägen fremdbezogen.

In der *Montage* werden die Teile zu Möbeln zusammengebaut. Die benötigten Teile werden in der entsprechenden Anzahl aus dem Teilelager entnommen und in der Montageabteilung in der Einbaureihenfolge am Montageband aufgebaut.

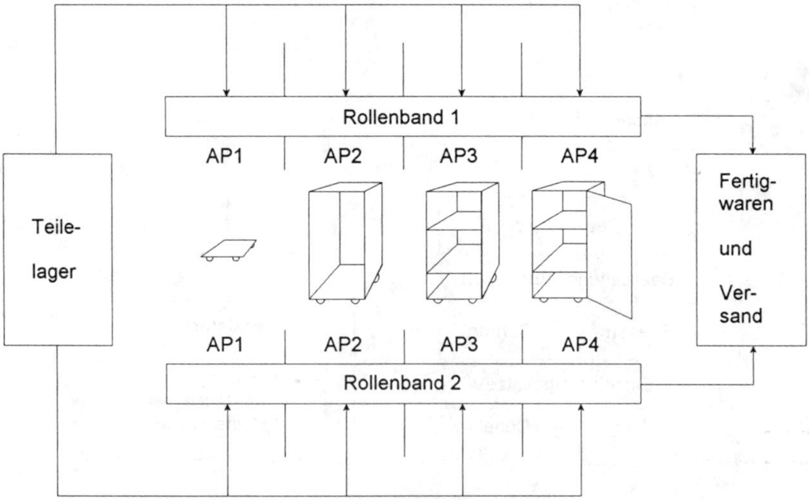

Abbildung 2.3: Der Montagebereich der Möbelfabrik

Der Zusammenbau erfolgt auf zwei Rollenbändern, die parallel angeordnet sind. Auf diese Weise kann auf beiden Bändern, wenn nötig, dasselbe Programm gefertigt werden. In der Regel laufen aber auf den beiden Bändern unterschiedliche Programme. Am Band sind Arbeitsplätze angeordnet, an denen das Möbelstück sukzessive komplettiert wird. Für ein laufendes Programm erfolgt an einem bestimmten Arbeitsplatz immer die gleiche Art von Montage. Bei einer Schrankmontage z.B. beginnt die Montage mit dem Zusammenbau des Sockels. Auf dem Rollenband wird dann das Möbelstück weitergeschoben und am nächsten Arbeitsplatz etwa mit Seitenteilen versehen. Zugeliefert ans Band werden Komponenten wie Schubläden, die an seitlich angeordneten Einzelarbeitsplätzen von Hand zusammengebaut wurden. Am Ende des Rollenbandes sollte das Möbelstück vollständig montiert sein.Es kommt dann in den Versand, wo es noch einmal kontrolliert und dann verpackt und per LKW transportiert wird. Bei einem Wechsel des aktuellen Produktionsprogrammes, das in der Montage gefertigt wird, ändern sich in der Regel auch die Arbeitsinhalte der Arbeitsplätze am Band. Abbildung 2.3 gibt einen Überblick über den Montagebereich.

Der hier exemplarisch für eine Möbelfabrik skizzierte Fertigungsvorgang ist typisch für viele Fertigungen, in denen Gebrauchsgegenstände für Haushalte oder Büros hergestellt werden. Weitere Beispiele sind Elektroartikel wie Fernseher, Waschmaschinen, Toaster, Staubsauger, Schreibmaschinen und Telefone oder auch Fahrräder, Rasenmäher oder Kinderwagen.

Aufgabe 2.1:

Versuchen Sie, eine Produktion zu kennzeichnen, in der Fahrräder in größerer Stückzahl hergestellt werden sollen. Informieren Sie sich über die Bestandteile von Fahrrädern. Wie soll die Teilefertigung ablaufen? Welche Arbeitsplätze sollten eingerichtet werden? Auf welche Art und Weise erfolgt die Montage?

2.1.2 Beispiel 2: Eine Erdölraffinerie

In einer Erdölraffinerie wird Rohöl verarbeitet. Ergebnisse des Verarbeitungsprozesses sind Gase, Benzin, Kerosin, Dieselöl, Heizöle, Schmieröle, Wachse, Bitumen und chemische Grundstoffe. Der eingesetzte Rohstoff, Erdöl, ist ein Gemisch aus Hunderten von Kohlenwasserstoffverbindungen. Der Verarbeitungsprozeß besteht aus kontinuierlich ablaufenden physikalischen und chemischen Prozessen. Diese sind auf geeignete Weise über Rohrleitungen miteinander verbunden, so daß ein automatischer Ablauf der Verarbeitung gewährleistet ist.

Typisch für das äußere Bild einer Raffinerie sind die säulenförmigen, in Kolonnen angeordneten Destillations- und Krackanlagen, die vielen Tankbehälter zur Zwischen- und Endlagerung der Produkte sowie das Gewirr von Rohrleitungen, welche die einzelnen Produktionssysteme miteinander verbinden. Menschen sind in der Regel kaum zu sehen. Sie haben in erster Linie überwachende und steuernde Aufgaben.

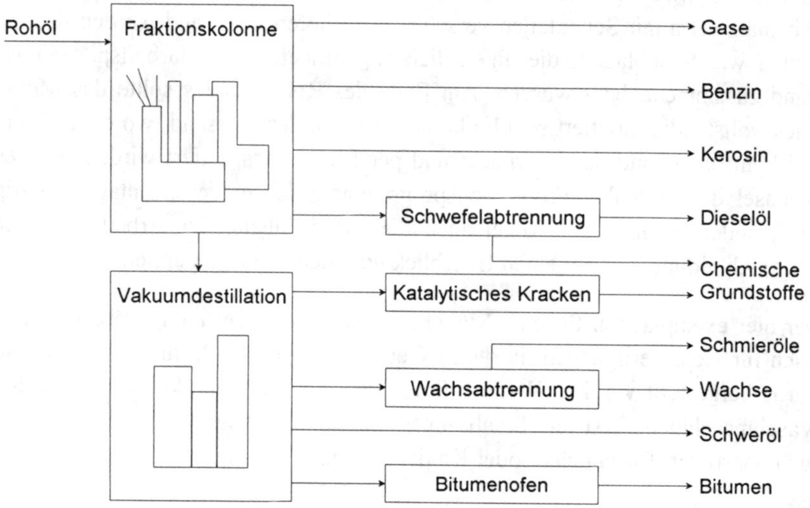

Abbildung 2.4: Materialfluß, Verarbeitungsstationen und Produkte einer Erdölraffinerie

Der Produktionsprozeß läßt sich grob wie folgt charakterisieren: Das Rohöl wird zunächst durch Destillation in seine wichtigsten Bestandteile (Fraktionen) zerlegt. Man spricht von leichten oder schweren Fraktionen in Abhängigkeit von der Flüchtigkeit der Stoffe, die von den unterschiedlichen Siedetemperaturen der Stoffe abhängig ist. Drei dieser Fraktionen lassen sich ohne weitere Behandlung als Endprodukte verkaufen: Benzine, Kerosin und Dieselöl. Sie werden in großen Vorratstanks gelagert und von dort zu den Kunden gebracht. Schwefelhaltige Öle müssen entschwefelt werden. Schwere Dieselöle werden durch Kracken weiterbehandelt. Dadurch werden die großen Moleküle des Dieselöls in kleinere Moleküle leichterer Fraktionen wie Benzin oder Gas „zerbrochen". Auf diese Weise entstehen auch chemische Grundstoffe wie Äthylen und Propylen. Sie dienen der Kunststoff- und Waschmittelproduktion. Auch die schweren Fraktionen werden weiterverarbeitet. Durch Vakuumdestillation werden aus ihnen Heizöl und Schmieröl hergestellt. Vom Schmieröl lassen sich Wachse abtrennen. Zurück bleibt letzlich Bitumen, das im Hoch- und Tiefbau auf unterschiedlichste Weise eingesetzt wird, zum Beispiel bei der Herstellung von Dachpappe oder dem Bau von Fahrbahndecken. Die Abbildung 2.4 gibt einen Überblick über die wichtigsten Verarbeitungsstationen und Produkte einer Erdölraffinerie.

Der hier dargestellte Ablauf ist typisch für Chemieanlagen, in denen mit Hilfe von physikalischen und chemischen Prozessen Umwandlungen von Stoffen vorgenommen werden. Kunststoffe, Arzneimittel, Farben, Waschmittel und Düngemittel sind Beispiele für Produkte, die mit chemischer *Verfahrenstechnik* hergestellt werden.

Aufgabe 2.2:

Beschreiben Sie den Produktionsvorgang der Stahlerzeugung. Welche Rohmaterialien werden eingesetzt, welche Verfahrensschritte werden durchlaufen, welche Anlagen benötigt? Welche typischen Arbeitsplätze gibt es im Stahlwerk?

2.2 Die Kennzeichnung produktiver Systeme

Die Beispiele zeigen, daß Produktionen auf unterschiedlichste Art und Weise durchgeführt werden. Für die Produktionstheorie gilt es, das Allgemeingültige dieser konkreten Produktionen herauszuarbeiten. Es sollen ja keine Spezialisten für den Möbelbau oder Raffinerieexperten ausgebildet werden. Das, was in beiden Situationen an Wissen zu gebrauchen ist, soll vermittelt werden. Dazu ist es von Vorteil, ein neutrales, fallunabhängiges Begriffsinstrumentarium verfügbar zu haben. Ein solches Instrumentarium liefert die *Systemtheorie*. Sie vermittelt eine abstrakte Sichtweise der Produktion, die unabhängig vom Einzelfall Aussagen ermöglicht.

Ein *System* ist eine Gesamtheit von Elementen, zwischen denen Beziehungen bestehen. *Elemente* sind die kleinsten interessierenden Einheiten, die Teile des Systems sind. Ein *produktives System* besteht aus relativ dauerhaften Elementen wie Menschen, Maschinen und Anlagen, die genutzt werden, um Eingabegrößen wie Materialien, Energie und Informationen in Sachgüter oder Dienstleistungen umzuwandeln. Am Beispiel der Möbelfabrik oder der Erdölraffinerie läßt sich das leicht nachvollziehen. Mit dem Produktionsprozeß geht eine Änderung der

Identität der stofflichen Eingabegrößen einher, die allgemein als Transformation bezeichnet wird. Der Umwandlungsprozeß ist physikalischer oder chemischer Natur. In beiden Fällen wird Energie verbraucht, die dem System von außen zugeführt werden muß. Darüber hinaus wird der Umwandlungsprozeß durch Informationen unterschiedlichster Art gesteuert.

In der Möbelfabrik besteht der Umwandlungsprozeß aus dem Zerteilen der Spanplatten, dem Bearbeiten der Teile und dem Zusammenbau der Teile. Alle Einzelvorgänge lassen sich hier im wesentlichen mit Hilfe der klassischen Mechanik erklären. Die Veränderungen erfolgen durch Bearbeitung oder Zusammenfügen von Ausgangsmaterialien und Einzelteilen. In der Raffinerie sind es physikalisch-chemische Prozesse wie die Destillation oder das Kracken, die eine Umwandlung des Rohöls in die verschiedenen Endprodukte bewirken. Obwohl die Produktionsvorgänge in beiden Beispielen im Detail grundverschieden sind, lassen sie sich wie in Abbildung 2.5 als Transformationsprozeß kennzeichnen.

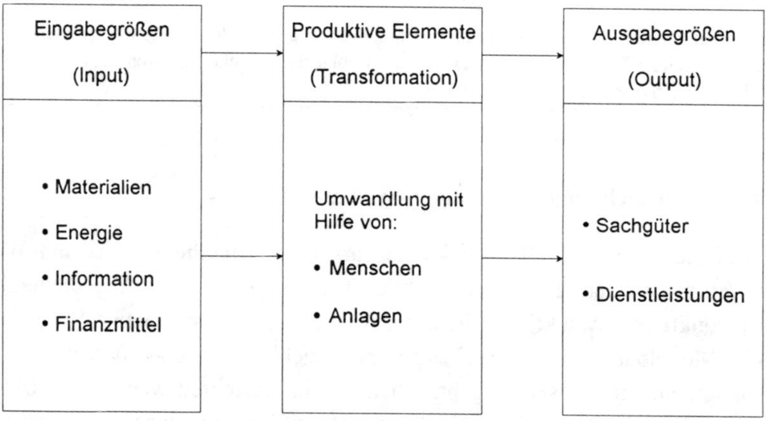

Abbildung 2.5: Die Kennzeichnung eines produktiven Systems als Input-/Output- oder Transformationsprozeß

Möchte man ein vorgegebenes Untersuchungsobjekt weiter zerlegen, läßt sich das zwanglos und einheitlich in der Terminologie der *Systemtheorie* durchführen. Einzelne Arbeitsplätze lassen sich genauso als produktive Systeme betrachten wie Abteilungen oder ganze Unternehmen. Elemente eines vorgegebenen Systems lassen sich einerseits als *Subsysteme* auffassen, wenn man ihre Zusammensetzung untersuchen will. Andererseits lassen sich Systeme ihrerseits wieder als Elemente eines übergeordneten Systems interpretieren, wenn sie in einem größeren Zusammenhang gesehen werden sollen. Die Produktion läßt sich so als Subsystem einer Unternehmung sehen. Unterscheidet man produktionsmittel-, marktleistungs- und gesamtunternehmensorientierte Aufgabenbereiche, ergibt sich eine Aufteilung einer industriellen Unternehmung in Subsysteme wie in Abbildung 2.6.

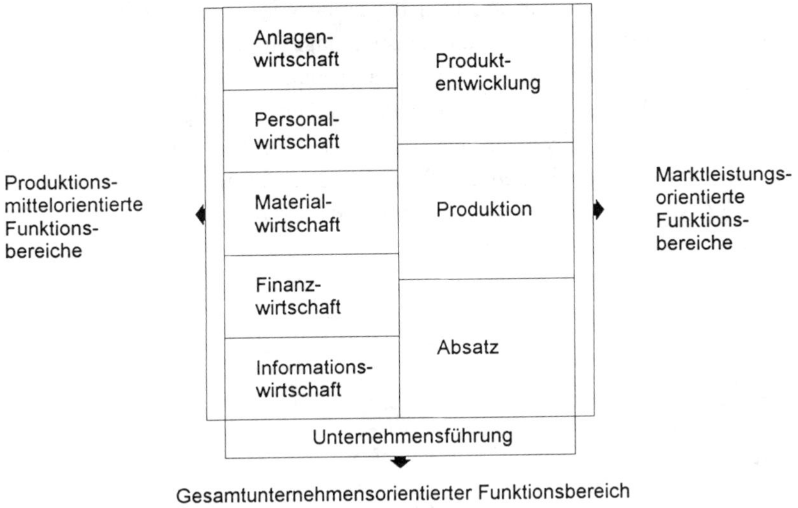

Abbildung 2.6: Subsysteme einer industriellen Unternehmung

Aufgabe 2.3:

Geben Sie für den Fall der Möbelfabrik und für den der Erdölraffinerie die Elemente des produktiven Systems an.

Aufgabe 2.4:

Führen Sie am Beispiel der Möbelfabrik die Subsysteme einer industriellen Unternehmung aus. Geben Sie an, aus welchen Elementen die Subsysteme bestehen. Welche Beziehungen bestehen zwischen den Elementen der einzelnen Subsysteme? Welche Beziehungen sind zwischen den Subsystemen wichtig?

2.3 Eine Typologie produktiver Systeme

Eine Typologie ist ein Ordnungsschema, mit dessen Hilfe man produktive Systeme, wie sie in der Realität vorkommen, entsprechend ihren charakteristischen

Merkmalen systematisieren kann. Diese Merkmale knüpfen in erster Linie an den Transformationsvorgang der produktiven Systeme an. Aber auch die verschiedenen Merkmale der erstellten Produkte werden herangezogen. Eine Typisierung produktiver Systeme nach unterschiedlichen Eigenschaften der Eingabegrößen ist unergiebig.

Eine erste Orientierung über den Transformationsvorgang läßt sich aufgrund der hauptsächlich angewendeten Produktionsvorgänge vornehmen. Dabei sind technische, biologische und geistige Vorgänge zu unterscheiden. Im folgenden soll kurz auf die im Vordergrund stehenden technischen Vorgänge eingegangen werden. Sie beruhen auf physikalischen oder chemischen Gesetzmäßigkeiten. Als Haupttechniken werden Fertigungs-, Verfahrens- und Energietechnik unterschieden. In der Abbildung 2.7 ist eine Aufteilung der Produktionsprozesse nach Verfahrensarten angegeben.

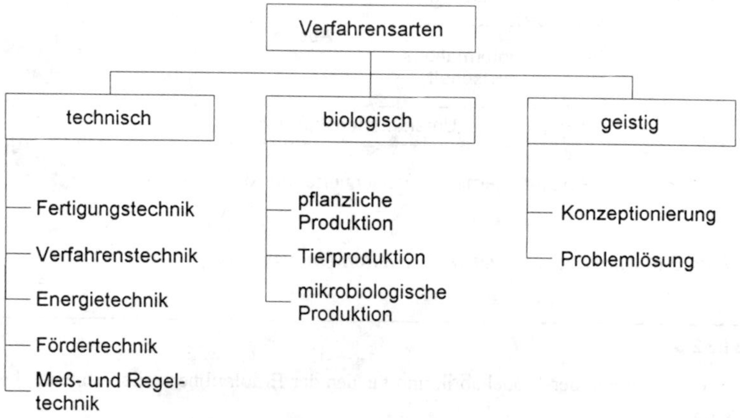

Abbildung 2.7: Verfahrensarten für Produktionsprozesse

Von *Fertigungstechnik* spricht man bei der Produktion von Stückgütern. Die Möbelproduktion ist ein typisches Beispiel dafür. Aber nicht nur zusammengesetzte Produkte wie z.B. die Möbel, sondern auch die zugehörigen Ausgangsprodukte und die entsprechenden angearbeiteten Bestandteile, sogenannte Halbzeuge und Halbfabrikate, zählen dazu. Halbzeuge sind zum Beispiel Spanplatten und Furniere, aber auch Drähte und Bleche oder Textilien. Halbfabrikate sind zum Beispiel Gußteile oder Schmiederohlinge. Zusammengesetzte Produkte werden wie die Möbel häufig in drei Stufen gefertigt:

1. die Fertigung von Halbzeugen oder Halbfabrikaten,

2. die Fertigung und Bearbeitung von Teilen,

3. der Zusammenbau der Teile.

Verfahrenstechnik kommt bei der Herstellung von Fließ- und Schüttgütern zum Zuge. Ein typisches Beispiel ist die Erdölraffinerie mit ihren Produkten in der Form von Gasen, Flüssigkeiten und Granulaten. Auch hierbei erstreckt sich die Produktion in der Regel über drei Stufen, die in mehreren Betrieben angesiedelt sein können:

1. die Gewinnung von Rohstoffen,

2. die Verarbeitung zu Vor- und Zwischenprodukten,

3. die Herstellung der Endprodukte.

Wärmeenergie und elektrische Energie werden im Produktionsprozeß nicht nur auf vielfältigste Weise eingesetzt, sondern sind selber auch Ergebnisse industrieller Produktionsvorgänge. Damit befaßt sich die *Energietechnik*. Auch bei ihr findet ein Transformationsprozeß statt. So wird zum Beispiel in Kohlekraftwerken Energie, die in fossilen Stoffen gespeichert ist, in elektrische Energie und Wärme umgewandelt.

Die weiteren Überlegungen beziehen sich in erster Linie auf eine technisch basierte Produktion. Deren *Organisationsform der Fertigung* bezieht sich auf die räumliche Anordnung der Betriebsmittel und Arbeitsplätze im Hinblick auf die Bearbeitungsvorgänge, die von den herzustellenden Produkten gefordert werden. Grundlegend ist die Unterscheidung in eine funktionsorientierte und eine materialflußorientierte Anordnung der Betriebsmittel. Werden funktionsgleiche oder funktionsähnliche Maschinen räumlich in Gruppen zu Fertigungsstellen zusammengefaßt, spricht man von *Werkstattfertigung*.

Werden die Maschinen materialflußorientiert, das heißt entsprechend dem notwendigen Bearbeitungsablauf angeordnet, spricht man von *Reihenfertigung*, wenn die Weiterbewegung der Werkstücke nur bei Bedarf erfolgt, und von *Fließfertigung*, wenn die Weiterbewegung durch technische Vorgaben bestimmt ist.

Die Abbildung 2.8 gibt eine erweiterte Unterteilung der Organisationsformen der Fertigung wieder. Dabei sind Beispiele in Klammern angegeben.

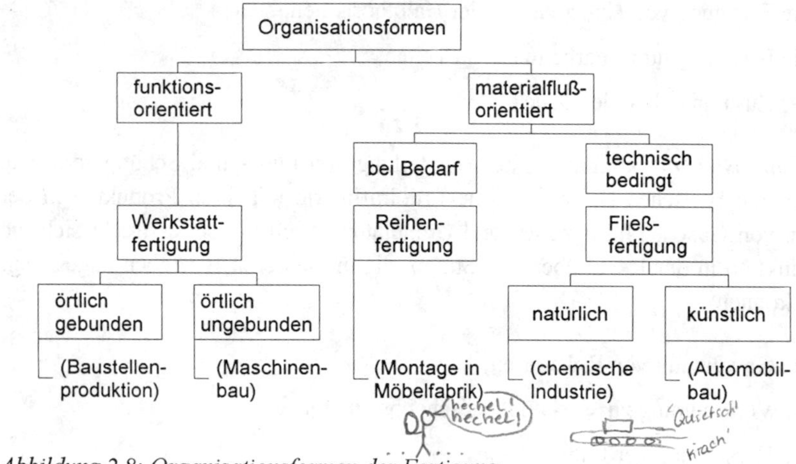

Abbildung 2.8: Organisationsformen der Fertigung

Ein weiterer Aspekt des Transformationsvorganges produktiver Systeme ist der Wiederholungsgrad der Produktion innerhalb einer Planungsperiode. Man spricht hierbei von *Fertigungsformen* der Produktion.

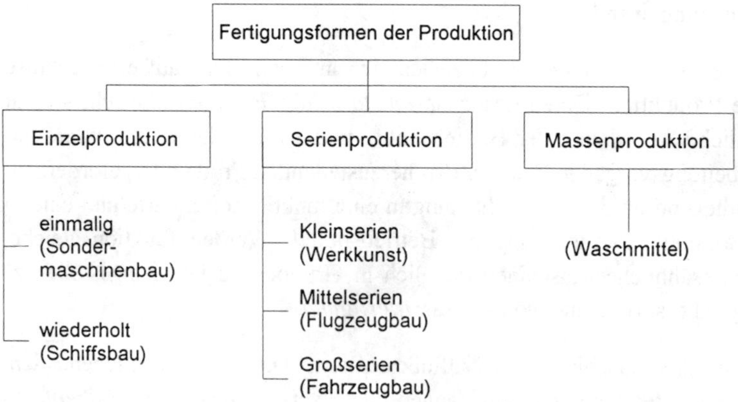

Abbildung 2.9: Fertigungsformen der Produktion

Wird nur eine Mengeneinheit einer Produktart hergestellt, liegt *Einzelfertigung* vor. Bei *Serienfertigung* werden von mehreren Produktarten begrenzte Stückzahlen auf denselben Anlagen gefertigt. Beim Wechsel von einer Produktart auf eine andere ist in der Regel eine Umrüstung der Maschinen nötig. *Massenproduktion* liegt dann vor, wenn die Betriebsmittel ununterbrochen nur von einer Produktart genutzt werden. Die Abbildung 2.9 gibt wiederum einen erweiterten Überblick über die Fertigungsformen der Produktion mit Beispielen.

Neben den bislang angesprochenen wesentlichen Unterscheidungsmerkmalen gibt es eine Reihe von weiteren Merkmalen des Transformationsvorganges. Dazu zählen die Struktur und die Kontinuität des Materialflusses sowie die Zahl der Arbeitsgänge und deren Variierbarkeit in der Abfolge. Die Abbildung 2.10 faßt diese Merkmale zusammen.

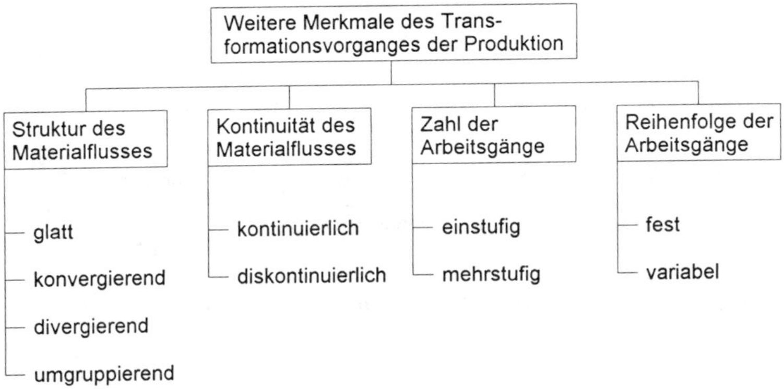

Abbildung 2.10: Weitere Merkmale des Transformationsvorganges

Analog zur Typisierung der Transformationsvorgänge ist eine Klassifizierung der Produkte nach verschiedenen Merkmalen möglich. Dabei sind bestimmte Produktklassen typisch für bestimmte Prozeßtypen. Zum Beispiel sind Fließgüter typische Produkte einer Fließfertigung, während in einer Werkstattfertigung vorrangig Stückgüter hergestellt werden.

Die Charakterisierung der Produkte kann unter anderem nach deren Art (materielle oder immaterielle Produkte), Gestalt (Fließgüter oder Stückgüter), Anzahl (ein oder mehrere Produkte), Verwandtschaftsgrad (Arten oder Sorten) und Produktionsauslöser (Kundenauftrag oder Lager) vorgenommen werden.

Um ein reales Produktionssystem zu beschreiben, lassen sich die Merkmalskataloge durchgehen und in jedem Einzelfall entscheiden, ob das Merkmal zutrifft oder nicht. Das Ergebnis eines solchen Durchganges läßt sich mit Hilfe eines sogenannten Profils graphisch darstellen. Abbildung 2.11 zeigt beispielhaft Ergebnisse für die Möbelfabrik und die Erdölraffinerie.

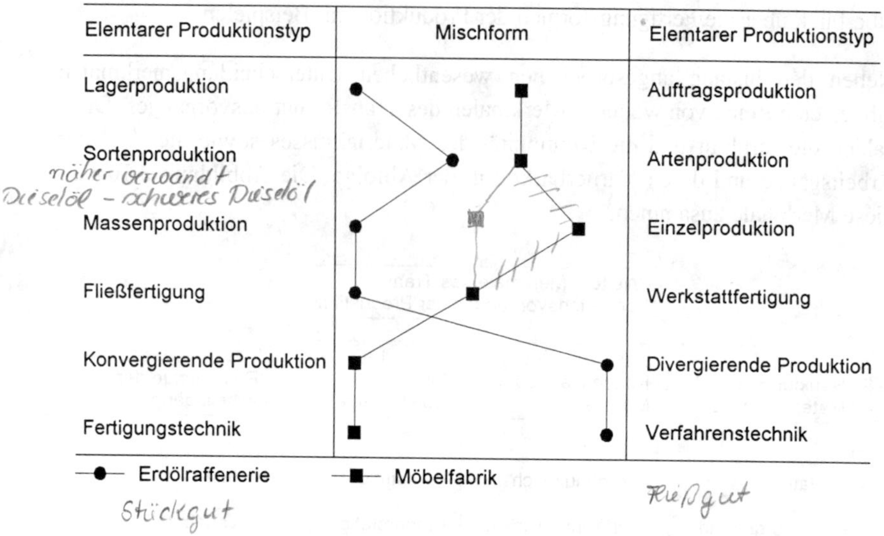

Abbildung 2.11: Merkmalsprofile der Produktion für die Möbelfabrik und die Erdölraffinerie

Solche *Merkmalsprofile* lassen sich einerseits nutzen, um Unterschiede von Produktionen mit gleichen Aufgabenstellungen herauszuarbeiten. Auf der anderen Seite lassen sich mit ihrer Hilfe produktive Systeme prototypisch für unterschiedliche Aufgabenstellungen kennzeichnen. So läßt sich der typische Einzelfertiger darstellen, der im Kundenauftrag bei Werkstattfertigung mit Fertigungstechnik Spezialprodukte herstellt. Am anderen Ende der Skala steht der Massenfertiger, der vom Lager gesteuert und in Fließfertigung mit Hilfe der Verfahrenstechnik ein Massengut herstellt. Erst nach einer solchen Typisierung lassen sich Problemlösungsmethoden entwickeln, die losgelöst vom Einzelfall auf analoge Probleme übertragbar sind.

Aufgabe 2.5:

a) Schlagen Sie in einem Lexikon das Stichwort Fertigungstechnik oder Fertigungsverfahren nach. Arbeiten Sie auch die Artikel durch, auf die verwiesen wird. Welche der aufgeführten Techniken erwarten Sie in der Möbelfabrik wiederzufinden?

b) Gehen Sie auf gleiche Weise bei der Verfahrenstechnik und der Erdölraffinerie vor.

Aufgabe 2.6:

a) Legen Sie ein möglichst umfassendes Merkmalsprofil für eine Fahrradfabrik fest. Gehen Sie den obigen Merkmalskatalog vollständig durch, und entscheiden Sie, ob und, falls notwendig auch, inwieweit eines der angegebenen Merkmale zutrifft. Begründen Sie Ihre Entscheidung. Zeichnen Sie ein Merkmalsprofil.

b) Stellen Sie analoge Überlegungen für die Stahlproduktion an.

c) Erstellen Sie das Merkmalsprofil für eine Schiffswerft.

2.4 Ein produktionswirtschaftliches Zielsystem und Kennzahlen als Maßgrößen der Zielerreichung

Bislang wurde in erster Linie der *Zweck (= Sachziel)* produktiver Systeme untersucht. Er besteht in der Funktion, die das System für seine Umwelt ausübt. Zweck produktiver Systeme ist die Erstellung von Sachgütern oder Dienstleistungen für Dritte. Im folgenden werden die *Ziele (= Formalziele)* produktiver Systeme zum Gegenstand der Untersuchung. Ziele sind die vom System selbst angestrebten Verhaltensweisen oder Zustände.

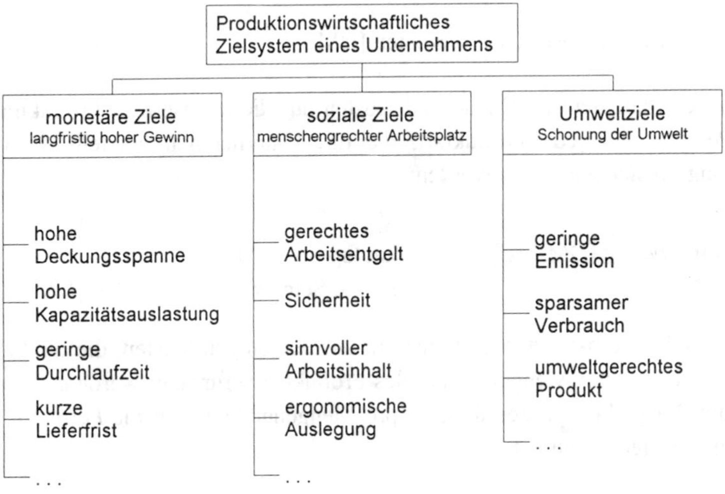

Abbildung 2.12: Ein produktionswirtschaftliches Zielsystem

Diese Formulierung unterstellt, daß das untersuchte System in der Lage ist, seine Zustände, das heißt die aktuellen Ausprägungen der Merkmale seiner Elemente, selbst zu erkennen und von sich aus darauf hinzuwirken, daß erstrebenswerte

Zustände erreicht werden. Dies ist die Aufgabe der menschlichen Elemente des produktiven Systems, die in der Form der Betriebsleitung und der Mitarbeiter auftreten.

Die Einzelziele lassen sich aus dem Bestreben von Systemen erklären, auf Dauer existent zu bleiben. Die Hierarchisierung der Ziele beruht auf einer gesamtunternehmensbezogenen Sichtweise auf der oberen Zielebene. Hier sind globale Vorstellungen über die verschiedenen Zielbereiche genannt. Dann erfolgt deren Ausdifferenzierung in Zielkomponenten, die für den Produktionsbereich wichtig sind. Diese Zielkomponenten der unteren Ebene sollen die Erreichung der Oberziele unterstützen. Für sie sind operationale Maßgrößen zu bilden und Kennzahlen für die Zielerreichung anzugeben, wenn eine Objektivierung der Zielbildung und Zielerreichnung erreicht werden soll. Ein produktionswirtschaftliches *Zielsystem* ist beispielhaft in Abbildung 2.12 angegeben.

Der Bereich der in der Betriebswirtschaftslehre im Vordergrund stehenden monetären Ziele soll kurz weiter erläutert werden, indem der Gewinnbegriff näher beschrieben wird. Der Gewinn pro Periode berechnet sich wie folgt:

Gewinn [DM] = Erlöse [DM] – Kosten [DM].

Dabei beziehen sich die Erlöse und Kosten auf die abgesetzten Produktmengen der Periode. Für jede Produktart, die das Unternehmen herstellt, kann eine Deckungsspanne berechnet werden:

Deckungsspanne [DM/ME] = Verkaufspreis [DM/ME]
– variable Selbstkosten pro Stück [DM/ME].

Die variablen Selbstkosten bestehen nur aus denjenigen Kosten, die direkt durch die Erstellung einer Mengeneinheit des Produktes verursacht werden. Dazu zählen zum Beispiel die Materialkosten pro Mengeneinheit oder die Fertigungslohnkosten pro Mengeneinheit.

Der Periodengewinn läßt sich leicht mit Hilfe der Deckungsspanne ausdrücken. Dann gilt für den *Periodengewinn*:

$$G := \sum_{j=1}^{n} \left(p_j - k_j\right) \cdot x_j - K_{fix} \; .$$

Dabei mögen die folgenden Symbole gelten:

j		: Produktartenindex ($j = 1, 2, \ldots, n$),
p_j	[DM/ME]	: Verkaufspreis pro ME der Produktart j,
k_j	[DM/ME]	: variable Selbstkosten pro ME der Produktart j,
x_j	[ME]	: Absatzmenge der Produktart j in der betrachteten Periode,
K_{fix}	[DM]	: ausbringungsunabhängige Kosten der betrachteten Periode (z. B. Abschreibungen oder Gehälter)
G	[DM]	: Periodengewinn.

Um einen möglichst hohen Gewinn zu erzielen, muß ein produktives System möglichst wirksam und möglichst wirtschaftlich arbeiten. Zur Beurteilung der Wirksamkeit bzw. Wirtschaftlichkeit eines produktiven Systems können die Kennzahlen der Produktivität bzw. der Wirtschaftlichkeit herangezogen werden. Die Produktivität eines Einsatzfaktors läßt sich als periodenbezogene Kennzahl für einen einzelnen Faktor wie folgt bestimmen:

$$\textbf{Produktivität} := \frac{\text{Ausbringungsmenge einer Produktart}}{\text{Faktoreinsatzmenge eines Faktors}} .$$

Insbesondere gilt zum Beispiel:

$$\textbf{Arbeitsproduktivität} := \frac{\text{Ausbringungsmenge}}{\text{Eingesetzte Arbeitsstunden}} .$$

$$\textbf{Maschinenproduktivität} := \frac{\text{Ausbringungsmenge}}{\text{Eingesetzte Maschinenstunden}} .$$

Den Kehrwert der Produktivität bezeichnet man als Produktionskoeffizienten:

$$\textbf{Produktionskoeffizient} := \frac{\text{Anzahl eingesetzter Faktoreinheiten}}{\text{Ausbringungsmenge}} .$$

Produktivität ist eine Kennzahl für die Ergiebigkeit eines Faktors. Je höher die Produktivität eines Faktors für eine Produktart ist, um so ergiebiger ist er für diese Produktart. Der Produktionskoeffizient ist eine Kennzahl für den Umfang des Verbrauchs eines Produktionsfaktors für eine Produkteinheit. Die Ermittlung einer Gesamtproduktivität als Verhältnis von Output zu Input ist betriebswirtschaftlich nicht sinnvoll, da die Interdependenzen der Faktorproduktivitäten in dieser Größe aufgrund der vorgenommenen Aggregation nicht deutlich werden können.

Grundlage für die Erreichung nicht nur der monetären Ziele einer Unternehmung ist die Einhaltung des *Wirtschaftlichkeitsprinzips*, das auch als ökonomisches oder Rationalprinzip bezeichnet wird. In seiner Minimumversion fordert das Wirtschaftlichkeitsprinzip, daß eine bestimmte Leistung mit möglichst geringen Mitteln erreicht werden soll. Das Streben, mit gegebenen Mitteln die bestmögliche Leistung zu erzielen, entspricht der Maximumversion. Unter Mitteln versteht man Mengen von Einsatzfaktoren, und mit Leistung wird im allgemeinen die Ausbringung eines produktiven Systems bezeichnet. Die zugehörigen Kennzahlen lauten daher wie folgt:

Wirtschaftlichkeitsgrad der **Minimumversion** (bei gegebener Leistung)

$$:= \frac{\text{Soll} - \text{Mitteleinsatz}}{\text{Ist} - \text{Mitteleinsatz}},$$

Wirtschaftlichkeitsgrad der **Maximumversion** (bei gegebenem Mitteleinsatz)

$$:= \frac{\text{Ist} - \text{Leistung}}{\text{Soll} - \text{Leistung}}.$$

Je höher der Wirtschaftlichkeitsgrad ausfällt, desto günstiger ist die Produktion zu beurteilen. Das ökonomische Prinzip findet sich auch in der folgenden Kennzahl:

$$\textbf{Wirtschaftlichkeit} := \frac{\text{Leistung pro Periode}}{\text{Kosten einer Periode}}.$$

Die Leistung einer Periode ergibt sich aus den bewerteten Ausbringungsmengen, während die Kosten einer Periode als bewertete Faktoreinsatzmengen definiert sind. Die Produktionstheorie befaßt sich vorrangig mit dem Mengengerüst, also mit dem Verhältnis von Faktoreinsatz- und Ausbringungsmengen. Die Kostentheorie untersucht in erster Linie die entsprechenden Wertansätze.

Aufgabe 2.7:

In einer auf „Hollandräder" spezialisierten Fahrradfabrik produzierten die Beschäftigten im Monat April 2000 Fahrräder, während im Mai 2400 Stück hergestellt wurden. Die geleisteten Arbeitsstunden betrugen im April 3840 und im Mai 4416 Stunden. Der Einsatz von Werkzeugen, Maschinen, Fahrzeugen, Ausstattungen und Gebäuden blieb unverändert (Wert 300000,- DM).

a) Berechnen Sie die Arbeitsproduktivität für die Monate April und Mai. Erläutern Sie eventuelle Abweichungen der Werte.

b) Berechnen Sie auch die Produktivitäten des Einsatzfaktors Kapital. Wie läßt sich die Veränderung dieser Größe erklären?

c) Angenommen, im Monat Juni wird ein weiteres Förderband für 20000,- DM angeschafft und in der Produktion eingesetzt. Bei insgesamt 4400 Arbeitsstunden werden im Juni 2580 Fahrräder hergestellt. Wie lassen sich die Änderungen der zu berechnenden Produktivitätsgrößen erklären?

d) Welche zusätzlichen Informationen werden benötigt, wenn für die Fahrradfabrik Wirtschaftlichkeiten für die Monate April bis Juni berechnet werden sollen?

Aufgabe 2.8:

In einem Lehrbuch zur Produktionswirtschaft wird der Begriff „Wirtschaftlichkeit" wie folgt definiert: „Wirtschaftlichkeit ist der reziproke Wert der Stückkosten". Dabei versteht man unter Stückkosten den Quotient aus Gesamtkosten und Produktionsmenge. Leiten Sie her, unter welchen Annahmen diese Definition mit den hier erläuterten Begriffsauffassungen korrespondiert.

Literaturhinweise und Leseliste zum 2. Kapitel:

Einführende Literatur:

Hoitsch, H.-J., Produktionswirtschaft, 2. völlig bearb. u. erw. Aufl., München 1993, S. 1-26.

Jehle, E., Müller, K., Michael, H., Produktionswirtschaft, 3. Aufl., Heidelberg 1990, S. 40 ff..

Zäpfel, G., Produktionswirtschaft. Operatives Produktionsmanagement, Berlin, New York 1982, S. 1-30. (*)

Weiterführende Literatur :

Cordes, W., Produktion in der Eisen- und Stahlindustrie, in: Handwörterbuch der Produktionswirtschaft, hrsg. von Kern, W., Stuttgart 1979, Sp. 457-470.

Küpper, H.U., Produktionstypen, in: Handwörterbuch der Produktionswirtschaft, hrsg. von Kern, W., Stuttgart 1979, Sp. 1636-1647.

Schulze, J., Produktion in der Chemischen Industrie, in: Handwörterbuch der Produktionswirtschaft, hrsg. von Kern, W., Stuttgart 1979, Sp. 381-392.

Ulrich, H., Die Unternehmung als produktives soziales System, 2. Aufl., Bern/Stuttgart 1970, S. 100 ff. (*)

(*) Pflichtlektüre

3. Produktions- und Kostenfunktionen

3.1 Produktionsfunktionen und ihre betriebswirtschaftliche Bedeutung

3.1.1 Modelltheoretische Grundlagen

Zur Herstellung von Sachgütern werden, wie oben erläutert, Menschen, Maschinen, Materialien und Energie benötigt. Die Ausbringungsmenge hängt dabei von den Einsatzmengen dieser Produktionsfaktoren ab. Zur Darstellung dieser Abhängigkeit dienen *Produktionsfunktionen*. Sie sind mathematische Modelle, die die reale Beziehung zwischen Produktmengen und eingesetzten Faktormengen durch eine Beziehung zwischen Zahlen abbilden. Werden im weiteren für ein Einproduktunternehmen folgende Symbole benutzt:

i		: Index für Faktorarten ($i = 1,\dots, n$),
n		: Anzahl der Einsatzfaktoren,
r_i	[FE]	: Einsatzmenge (Verbrauchsmenge) des Faktors i in Faktoreinheiten,
x	[ME]	: Ausbringungsmenge in Mengeneinheiten,
f		: Transformationsgesetz; mathematischer, quantitativer Zusammenhang zwischen Faktoreinsatz und Ausbringung,

dann lautet die *Produktionsfunktion:*

$$x := f(r_1, r_2, \dots, r_n) \; .$$

Der Zusammenhang zwischen Modell (Produktionsfunktion) und Realität (Produktionsvorgang) wird durch die Dimensionierung der Zahlen dargestellt. Sie wird hier jeweils in eckigen Klammern [ ] angegeben. Dimensionen verdeutlichen die Bedeutung der Zahlen, indem sie in der Form von physikalischen Einheiten angeben, für welchen Bestandteil der Realität die Zahlen stellvertretend stehen. Grundvoraussetzung für die Aufstellung von Produktionsfunktionen ist die Möglichkeit, *Produktmengen* und *Faktoreinsatzmengen* sachgerecht durch Zahlen zu erfassen. Die Zuordnung von Produktmengen zu Faktoreinsatzmengen, die in der Realität durch den Vorgang der Produktion erfolgt, muß im Modell explizit durch eine mathematische Gesetzmäßigkeit erfolgen. Diese muß angeben, wie sich aus den Faktoreinsatzmengen die zugehörigen Ausbringungsmengen errechnen lassen oder wie für eine vorgegebene Produktmenge mögliche Kombinationen von Faktoreinsatzmengen bestimmt werden können. Dabei wird von einem expliziten Bezug zur Kalenderzeit abgesehen und lediglich eine Betrachtungsperiode als zeitlicher Rahmen vorgegeben, auf den sich die Mengengrößen beziehen. Auf diese Weise fassen Produktionsfunktionen in konzentrierter und handhabbarer Form Informationen über die mengenmäßigen Zusammenhänge bei Produktionsvorgängen zusammen. Sie kombinieren auf mathematische Art und Weise die Produktionsfaktoren, die nötig sind, um ein vorgegebenes Produkt oder Produktbündel herzustellen. Damit können sie auf dem Wege der Berechnung Antworten auf die beiden grundlegenden Fragen geben:

- Welche Produktmengen lassen sich aus vorgegebenen Faktoreinsatzmengen erstellen?
- Welche Faktormengen müssen eingesetzt werden, um eine vorgegebene Produktmenge zu erzeugen?

Bei der Beantwortung dieser Fragen ist es sinnvoll, die Möglichkeit der absichtlichen Verschwendung von vornherein auszuschließen und nur effiziente Produktionsalternativen zu betrachten. Dann werden jeder Faktoreinsatzmengenkombination nur diejenigen möglichen Ausbringungen zugeordnet, die nicht dominiert sind. Falls nur eine Produktart hergestellt wird, ist das die Ausbringungsmenge, die bei gegebenen Faktoreinsatzmengen maximal möglich ist. In diesem Fall besteht immer ein eindeutiger funktionaler Zusammenhang zwischen Faktoreinsatzmengen und Ausbringungsmenge: Zu jeder Faktoreinsatzmengenkombination gibt es genau eine Ausbringungsmenge. Falls mehrere Produktarten hergestellt werden, ist es auch bei effizienter Produktion möglich, daß mehrere Produktmengenkombinationen mit der gleichen Faktoreinsatzmengenkombination erstellt werden können. Dann ist der Zusammenhang nicht mehr funktional, weil er nicht mehr eindeutig ist. Produktionsfunktionen für Produktbündel sind daher im allgemeinen keine Funktionen, sondern *Relationen* im mathematischen Sinne. Darüber hinaus ist die Umkehrabbildung, also die Zuordnung von Faktoreinsatzmengen zu Produktmengen, in allen Fällen in der Regel nicht eindeutig.

3.1.2 Ein einfaches Beispiel einer Produktionsfunktion

Untersucht werden soll die Produktion von Plastikbehältern. Abbildung 3.1 stellt den Herstellungsvorgang anschaulich dar. Als Material wird ein Kunststoffgranulat eingesetzt. Für einen Behälter werden 0,5 [kg] Granulat benötigt. Die Behälter werden in einer Maschine mit Druck unter Zuführung von Hitze geformt. Dabei sind Druck und Hitze in gewissen Grenzen durcheinander ersetzbar. Der

Druck entsteht auf elektromechanischem Wege, die Hitze durch eine Ölfeuerung. Damit sind elektrische Energie, gemessen in [KWh], und Öl, gemessen in Litern [l], als weitere Produktionsfaktoren zu nennen. Die Maschine wird von einem Maschinenführer bedient und überwacht. Der Einsatz der Maschine und der Arbeitskraft wird in Stunden gemessen.

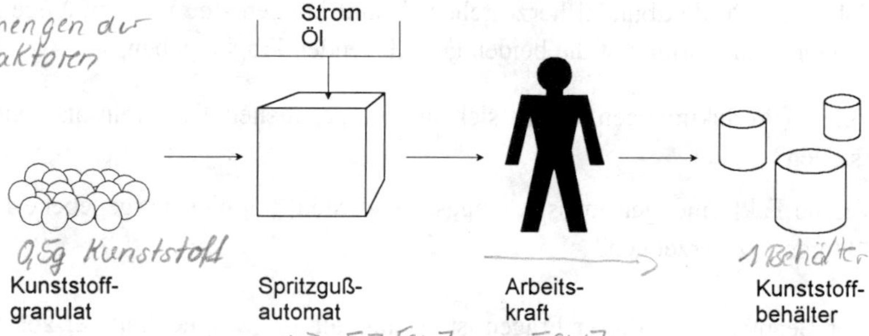

Abbildung 3.1: Die Herstellung von Kunststoffbehältern

Die Produktionsfunktion dieses Herstellungsvorganges muß nun alle Kombinationen von Mengen an Kunststoffgranulat, elektrischer Energie, Öl, Arbeitskraft- und Maschineneinsatz mit Anzahlen von Plastikbehältern zusammenbringen. In der Abbildung 3.2 sind mit r_1, r_2, r_3, r_4 und r_5 die entsprechenden Faktoreinsatzmengen bezeichnet, x gibt die Ausbringungsmenge an.

Einsatzfaktoren		Dimension	Ausbringung
Kunststoffgranulat	r_1	[kg]	x [ME]
Stromverbrauch	r_2	[KWh]	Anzahl der Kunststoffbehälter
Ölverbrauch	r_3	[l]	
Maschineneinsatz	r_4	[Std]	
Arbeitskrafteinsatz	r_5	[Std]	

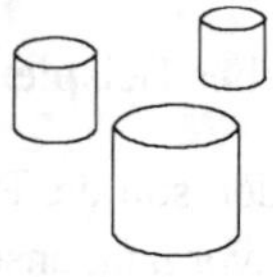

Abbildung 3.2: Produktionsfunktion für das Kunststoffbeispiel

Wie läßt sich nun bei vorgegebenen Faktoreinsatzmengen die maximal mögliche Ausbringungsmenge errechnen?

Im vorliegenden Fall lassen sich drei Gruppen von Faktoren nach der Art und Weise unterscheiden, wie sie begrenzend auf die Ausbringungsmenge wirken können.

Der Materialverbrauch zählt zur ersten Gruppe. Er ist der Ausbringungsmenge direkt proportional. Die eingesetzte Materialmenge limitiert die Ausbringungsmöglichkeiten daher absolut nach oben. Bei einem Stückverbrauch von 0,5 [kg/ME] sind höchstens (r_1 / 0,5) Behälter herstellbar. Einsatzfaktoren dieser Art werden als limitational bezeichnet. *Limitationalität* liegt dann vor, wenn ein eindeutiger Zusammenhang zwischen Ausbringungsmenge und Faktorverbrauch besteht: Jeder Verbrauchsmenge des Faktors entspricht genau eine Ausbringungsmenge, und umgekehrt entspricht jeder Ausbringungsmenge genau eine Verbrauchsmenge. Bsp. Materialverbrauch

Bei der zweiten Gruppe, den energiebezogenen Einsatzfaktoren, ist in gewissen Grenzen ein gegenseitiger Ersatz möglich. In einem Gedankenexperiment läßt sich vorstellen, daß die übrigen Faktoren in jedem Fall ausreichend verfügbar sind. Dann ist die Begrenzung der Ausbringung durch die Faktoren Strom und Öl nicht für jeden Faktor einzeln beurteilbar, sondern nur für das Faktorbündel gemeinsam. Was etwa an Druck benötigt wird, hängt davon ab, wieviel Hitze verfügbar ist und umgekehrt.

Einsatzfaktoren dieser Art werden als substitutional bezeichnet. *Substitutionalität* liegt dann vor, wenn bei gleichbleibender Ausbringungsmenge die Verringerung der Einsatzmenge eines Faktors durch die Vermehrung der Einsatzmenge eines anderen Faktors ausgeglichen werden kann oder bei Konstanz der übrigen Faktorverbräuche die Ausbringungsmenge durch die Vermehrung allein der Einsatzmenge eines Faktors erhöht werden kann. Bsp: Faktorbündel Strom u. Öl (Druck u. Hitze) gegeneinander austauschbar

Die dritte Gruppe von Faktoren zeichnet sich dadurch aus, daß die aus ihnen resultierende Obergrenze für die Ausbringungsmengen weder isoliert noch unter Bezugnahme auf andere Einsatzfaktoren, sondern nur bei einer vorhergehenden Festlegung weiterer Entscheidungsparameter, wie etwa der vorgesehenen technischen Leistung der Maschine, gemessen etwa in der Anzahl von Werkzeugbewegungen pro Zeiteinheit, bestimmt werden kann. Offensichtlich zählen der Maschineneinsatz und der Arbeitskrafteinsatz zu dieser Gruppe der *entschei-*

dungsparameter-abhängigen Einsatzfaktoren. Diese Faktoren wirken begrenzend auf die Ausbringungsmenge, wenn aufgrund ihrer zur Verfügung stehenden Zeit die Einsatzmengen der übrigen Faktoren gar nicht ausgeschöpft werden können. Selbstverständlich kann die Leistung der Maschine auch die Verbrauchsmengen anderer Faktoren, wie etwa der Energie, beeinflussen. Dann kann die maximal mögliche Ausbringungsmenge nur simultan für alle von der Leistung beeinflußten Faktorverbräuche bestimmt werden.

Bsp: Maschineneinsatz - u. Arbeitskrafteinsatz

Schon diese kurze Erörterung zeigt, daß für praktische Anwendungsfälle ein Kompromiß zwischen Realitätsnähe und mathematischer Handhabbarkeit der Produktionsfunktionen gefunden werden muß. Die betriebswirtschaftliche Bedeutsamkeit unterschiedlicher Typen von Produktionsfunktionen hängt unter anderem davon ab, wie gut dieser Kompromiß gelingt.

Aufgabe 3.1:

a) Welche Beziehung bilden Produktionsfunktionen ab und welche grundlegenden Fragen können damit beantwortet werden?

b) Informieren Sie sich in einem Einführungsbuch zur Produktions- und Kostentheorie über die verschiedenen Typen betriebswirtschaftlicher Produktionsfunktionen.

c) Wie lassen sich limitationale und substitutionale Einsatzfaktoren unterscheiden? Nennen Sie Beispiele für beide Typen von Einsatzfaktoren.

3.1.3 Das System der Produktionsfaktoren

Ergänzend zu einer differenzierenden Kennzeichnung der Produktionsfaktoren einer Produktionsfunktion als limitationale, substitutionale und entscheidungsparameterabhängige Faktorarten soll im folgenden die von Gutenberg vorgeschlagene Systematisierung der Produktionsfaktoren dargestellt werden.

In einem ersten Schritt zerlegt Gutenberg alle zur Produktion erforderlichen Faktorarten in die beiden Gruppen der elementaren sowie der dispositiven Faktoren. Die *elementaren Produktionsfaktoren* dienen unmittelbar der Leistungserstellung und werden in der Produktionsfunktion erfaßt. Dagegen haben die *dispositiven Produktionsfaktoren* die Aufgabe, die elementaren Produktionsfaktoren zu einer produktiven Kombination zusammenzufügen.

Die elementaren Faktoren umfassen die objektbezogene menschliche Arbeitsleistung, die Betriebsmittel sowie die Werkstoffe. Sämtliche in Verbindung mit der Produktion ausgeführten Tätigkeiten von Menschen fallen unter die *objektbezogene menschliche Arbeitsleistung.* Die *Betriebsmittel* enthalten alle Produktionsfaktoren, deren Vorhandensein erst die Voraussetzung für eine Produktion bildet. Zu ihnen zählen einerseits die Maschinen, Gebäude, Grundstücke usw., andererseits die Hilfs- und Betriebsstoffe. Alle Rohstoffe werden als *Werkstoffe* aufgefaßt, sofern sie die Ausgangsstoffe für die Produktion darstellen.

Die dispositiven Faktoren lassen sich in die *Geschäfts- und Betriebsleitung,* die *Planung* und die *Organisation* zerlegen. Zusammen sorgen sie dafür, daß das betrieblich Gewollte in zukünftiges Handeln umgesetzt und dieses schließlich verwirklicht wird. Da Planung und Organisation aus der Geschäftsführungsaufgabe abgeleitet werden, bezeichnet man sie auch als *derivative Faktoren,* während die Geschäfts- und Betriebsleitung als *originärer Faktor* gilt.

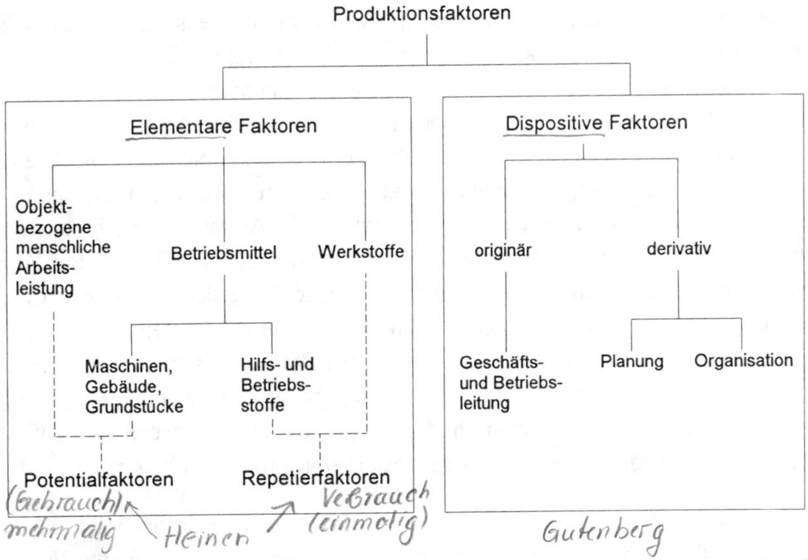

Abbildung 3.3: Systematik der Produktionsfaktoren

Die objektbezogene menschliche Arbeitsleistung sowie die Maschinen, Gebäude, Grundstücke usw. werden nach einem Vorschlag von Heinen auch als *Potentialfaktoren* bezeichnet, da sie ein bestimmtes Nutzungsvermögen verkörpern, das erst über eine längere Inanspruchnahme durch die Produktion verbraucht wird. Werkstoffe sowie Hilfs- und Betriebsstoffe stellen dagegen sogenannte *Repetierfaktoren* dar, die durch den einmaligen Einsatz in der Produktion verbraucht werden. Die Abbildung 3.3 faßt die Systematisierung der Produktionsfaktoren noch einmal zusammen.

3.1.4 Gründe und Voraussetzungen für die betriebswirtschaftliche Bedeutsamkeit von Produktionsfunktionen

Warum interessiert sich ein Kaufmann für die mengenmäßigen Zusammenhänge, die den Produktionsvorgängen zugrundeliegen? Mit ihrer Hilfe lassen sich Kostenüberlegungen von Erlösüberlegungen gedanklich trennen und der Reihe nach behandeln. Dabei sind die Faktorverbräuche Grundlage für Kostenüberlegungen und die Ausbringungsmengen Grundlage für Erlösüberlegungen. Im einfachsten Falle sind die Einsatzfaktormengen mit Einkaufspreisen in [DM] pro Faktoreinheit und die Produktmengen mit Verkaufspreisen in [DM] pro Produkteinheit zu bewerten. Auf diese Weise können Produktionsfunktionen Grundlage für die Erklärung und Planung der Gewinnsituation eines Unternehmens sein, soweit diese wesentlich durch die Produktion bestimmt ist. Insbesondere gilt das für die Kostenbestandteile der Gewinngleichung. Produktionsfunktionen ermöglichen es für den Fall, daß eine vorgegebene Produktmenge mit unterschiedlichen Kombinationen von Faktoreinsatzmengen erreicht werden kann, die Frage nach einer möglichst kostengünstigen Kombination zu beantworten. Für einen gewinnorientierten Kaufmann ist natürlich eine kostenminimale Alternative erstrebenswert, weil sie für die vorgegebene Ausbringungsmenge den größten Gewinn zur Folge hat. Darüber hinaus kann die Frage isoliert behandelt werden, wie sich bei Herstellung unterschiedlicher Produktmengen pro Periode die Kosten verändern. Im Mehrproduktfall ist natürlich die Frage nach den alternativ möglichen Mengenzusammensetzungen des Produktbündels bei gegebenen Faktoreinsatzmengen von großem Interesse. Hier können Produktionsfunktionen die mengen-orientierte Grundlage für Entscheidungen über das Produktionsprogramm liefern.

Damit mathematische Formalismen wie die Produktionsfunktionen für die angegebenen Problemstellungen bedeutsam sind, müssen für sie bestimmte Voraussetzungen erfüllt sein, die sich wie folgt beschreiben lassen:

Anwendbarkeit

Es muß Produktionssituationen geben, in denen der Formalismus zumindest näherungsweise ein korrektes Abbild des tatsächlichen Zusammenhanges zwischen Einsatzfaktoren und Ausbringung ist. Eine nur fiktive Produktionsfunktion ist ein leerer Formalismus, der auch als Lernwerkzeug höchst ungeeignet ist, weil er falsche Denkgewohnheiten schafft. (nicht ledigl. ein formales Konstrukt)

Realitätsnähe

Die wesentlichen Zusammenhänge zwischen Ausbringung und Einsatzfaktoren müssen quantitativ in einer sinnvollen Auflösung strukturgetreu erfaßt werden. Wesentlich ist vor allem die vollständige und sachgerechte Erfassung aller kostenverursachenden Verbräuche nach Art und Menge.

Problemorientiertheit

Neben dem Zusammenhang zwischen Ausbringung und Faktoreinsatzmengen müssen auch diejenigen Bestimmungsgründe für Faktorverbräuche mit modelliert werden, die nicht direkt durch die Ausbringungsmenge allein erklärt werden können. Sie sollten in der Form von Entscheidungsgrößen erfaßt werden, soweit sie vom Planer beeinflußt werden können.

Handhabbarkeit

Der Formalismus sollte keine unrealistischen Anforderungen an die zu erhebenden Daten und die Informationsverarbeitungskapazität stellen.

Die hier angeführten Aspekte sind keineswegs überschneidungsfrei und erschöpfend. Sie mögen auch zunächst selbstverständlich erscheinen. Allerdings wird die später folgende Diskussion einiger unterschiedlicher Typen von Produktionsfunktionen zeigen, daß hier eine differenzierte Sichtweise angezeigt ist.

3.2 Grundtatbestände der Kostentheorie

3.2.1 Kostentheorie, Kostenbegriffe, Kostenfunktionen

Die *Kostentheorie* hat eine Erklärungsaufgabe und eine Gestaltungsaufgabe zu erfüllen. Die *Erklärungsaufgabe* besteht darin,

- die Kosteneinflußgrößen zu erkennen und zu systematisieren
- sowie deren Wirkungen auf die Höhe der Kosten aufzuzeigen.

Die Erklärungsaufgabe gipfelt in der Formulierung und der Analyse von Kostenfunktionen, welche die Höhe der Kosten in Abhängigkeit von möglichen Ausprägungen der verschiedenen Einflußgrößen (Daten und Entscheidungen) aufzeigen. Zur *Gestaltungsaufgabe* der Kostentheorie gehört es zu untersuchen, wie die durch Entscheidungen beeinflußbaren Kosteneinflußgrößen optimal im Sinne der betrieblichen Zielsetzungen festzulegen sind. Im Rahmen der Gestaltungsaufgabe geht es somit darum, zielsetzungsgerechte Ausprägungen der dispositionsbestimmten Einflußgrößen einer Kostenfunktion zu planen.

Kosten bezeichnen den zur Leistungserstellung erforderlichen bewerteten Faktorverbrauch einer Periode. Die Wertgröße Kosten ergibt sich durch Multiplikation von Faktoreinsatzmengen und Faktorwerten.

Die *Kosteneinflußgrößen* können sich entweder auf das Mengengerüst der Kosten (Faktoreinsatzmengen) oder auf die Wertansätze (Faktorwerte) beziehen. Die Einflußgrößen des Mengengerüstes sind in der der Kostenfunktion zugrundeliegenden Produktionsfunktion niedergelegt. Insoweit baut die Kostentheorie auf den Erklärungsmodellen der Produktionstheorie auf. Außer den Einflußgrößen der Produktionstheorie, welche die Verbrauchsmengen der einzelnen Produktionsfaktoren determinieren, sind die Wertansätze der Faktoren, das heißt die Faktorpreise, bestimmend für die Kosten (vgl. Abbildung 3.4).

Faktorpreise erfüllen in der Kostentheorie zwei Aufgaben: die *Verrechnungs-* und die *Lenkungsfunktion*:

Im Bereich der Produktionstheorie werden dimensionsverschiedene und damit nicht direkt vergleichbare Faktormengen analysiert. Eine grundlegende Voraussetzung für einen zielsetzungsgerechten Einsatz der Faktoren ist es, die dimensionsverschiedenen Faktoren gleichnamig, das heißt vergleichbar, zu machen und in Einheiten der Zielgröße - Geldeinheiten - auszudrücken. Die Gleichheit in der Dimension wird durch die Bewertung der Faktoreinsatzmengen erreicht. Diese Verrechnungsfunktion der Faktorbewertung erfüllt jeder beliebige Wertansatz.

Die Lenkungsfunktion der Faktorbewertung als Untersuchungsgegenstand der Kostenwerttheorie hat im Rahmen der Planung die Aufgabe, die einzelnen Produktionsfaktoren in die erfolgsträchtigsten Verwendungsrichtungen zu lenken. Für die Lösung dieser Aufgabe ist eine zielsetzungsgerechte Bewertung der Produktionsfaktoren Voraussetzung. Besteht das Ziel zum Beispiel in der Minimierung des zu Ausgaben führenden Faktorverbrauchs, so folgt daraus eine Bewertung des Verbrauchs zu den getätigten oder noch zu tätigenden Ausgaben. Die Bewertung des Faktorverbrauchs erfüllt mithin eine Lenkungsaufgabe.

Erst durch die Bewertung des Faktorverbrauchs kommt in die rein technische Betrachtung der Produktionstheorie ein ökonomisches Problem hinein. Dieses Problem besteht darin, den Faktorverbrauch so zu gestalten, daß dem *ökonomi-*

schen Prinzip - Minimierung des bewerteten Faktorverbrauchs für eine nach Qualität und Menge gegebene Leistung - oder einem übergeordneten Prinzip (z.B. der Gewinnmaximierung) Rechnung getragen wird. In diesem auf die unterschiedlichen Werte der Faktoren zurückgehenden Auswahlproblem ist der eigentliche Unterschied zwischen der Produktions- und der Kostentheorie zu sehen.

Die Literatur zum Kostenbegriff wird hinsichtlich des Bewertungsproblems im wesentlichen von zwei Lehrmeinungen beherrscht, der pagatorischen und der wertmäßigen Bewertung. Die Verfechter des *pagatorischen Kostenbegriffs* berücksichtigen nur denjenigen Faktorverzehr, der zu Ausgaben geführt hat. Dies hat eine strenge Bindung der Mengenkomponente an die Wertkomponente zur Folge. Die Bewertung erfolgt zu den jeweiligen Anschaffungsausgaben und ist daher beschaffungsmarktorientiert. Ausgeklammert wird folglich derjenige Faktorverzehr, der zu den sogenannten Zusatzkosten als einer Gruppe der kalkulatorischen Kosten führt. Kalkulatorischer Unternehmerlohn, kalkulatorische Eigenkapitalzinsen und kalkulatorische Miete sind soweit keine Kosten im Sinne des pagatorischen Kostenbegriffs.

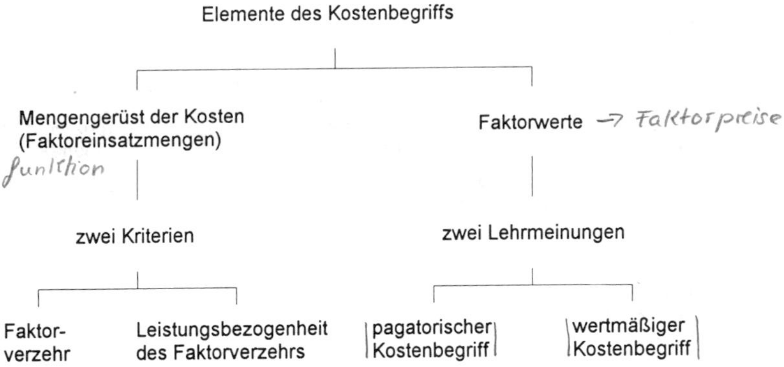

Abbildung 3.4: Elemente des Kostenbegriffs

Im Gegensatz dazu geht der *wertmäßige Kostenbegriff* von individuellen subjektiven Nutzenvorstellungen beim Faktoreinsatz aus. Jeder leistungsbezogene Faktorverzehr wird berücksichtigt. Es erfolgt keine Kopplung von Mengen- und Wertkomponente. Die Bewertung erfolgt mit dem Nutzen der gerade noch realisierten letzten Verwendungsrichtung des Faktors (Grenznutzen) und orientiert sich dabei an der betrieblichen Zielsetzung und dem betrieblichen Entscheidungsfeld. Je nach Zielsetzung kommen beispielsweise folgende Wertansätze in Betracht: Anschaffungspreis, Wiederbeschaffungspreis, Tagespreis, Durchschnittspreis etc..

Eine *Kostenfunktion* stellt den Zusammenhang zwischen der Ausbringung und den dafür entstandenen Kosten dar. Ausgangspunkt für die Formulierung einer Kostenfunktion ist eine Produktionsfunktion der Form

$$x = f(r_1, r_2, \ldots, r_n).$$

Die Faktoreinsatzmengen r_i [FE], bewertet mit ihren Faktorpreisen q_i [GE/FE], $i = 1, \ldots, n$, führen zu den Kosten

$$K = r_1 \cdot q_1 + r_2 \cdot q_2 + \ldots + r_n \cdot q_n = \sum_{i=1}^{n} r_i \cdot q_i .$$

Die Feststellung der Kosten für eine vorgegebene Ausbringungsmenge erfolgt auf diese Weise immer auf der Grundlage der eingesetzten Faktormengen.

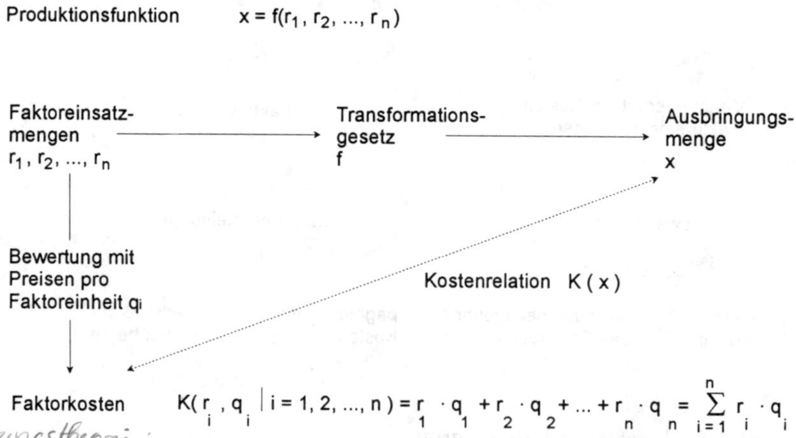

Erklärungstheorie:
- Erkennen u. Systematisieren der Kosteneinflussgrößen
Auswirkung auf der Höhe → S43

Abbildung 3.5: Kostenfunktion als Erklärungsmodell

Die Darstellung veranschaulicht, daß es sich in der Regel bei Kostenfunktionen im mathematischen Sinne um Relationen handelt. Das ist immer dann der Fall,

Gestaltungstheorie: optimale Festlegung der Kosteneinflußgrößen in Bezug auf die Betriebl. Zielsetzung → S43 wenn eine vorgegebene Ausbringungsmenge in Abhängigkeit von der Festlegung der Einflußgrößen für den Faktoreneinsatz mit unterschiedlichen Kosten hergestellt werden kann. Die Abbildung 3.5 macht diesen Sachverhalt deutlich.

Unter Heranziehung des ökonomischen Prinzips in seiner Minimumversion läßt sich der in einer Kostenfunktion erfaßte Zusammenhang folgendermaßen als Entscheidungsproblem auffassen: Hergestellt werden soll eine bestimmte Produktionsmenge x. Wenn diese Menge x auf der Grundlage der geltenden Produktionsfunktion durch unterschiedliche Faktoreinsatzmengen-Kombinationen realisiert werden kann, ist zu überlegen, wie die Menge x mit den geringstmöglichen Kosten zu produzieren ist:

$$K = \sum_{i=1}^{n} r_i \cdot q_i \rightarrow \min! \text{ (Zielsetzung)}$$

$$x = f(r_1, r_2, \ldots, r_n) \text{ (Nebenbedingung) mit } r_1, r_2, \ldots, r_n \geq 0.$$

Die Nebenbedingung legt mit Hilfe der Produktionsfunktion alle Faktoreinsatzkombinationen nach Art und Menge fest, die zu einer Produktionsmenge x führen. Gesucht ist die Kombination mit den geringsten Kosten. Als Lösung dieser Aufgabe erhält man eine Faktorkombination, die zu einem minimalen Kostenbetrag K_{min} für die Menge x führt: $K_{min}(x)$. Im Sinne einer Wirtschaftlichkeitsüberlegung gibt diese *Minimalkostenfunktion* in Abhängigkeit von der Ausbringung an, mit welchen Kosten eine Ausbringungsmenge realisiert werden kann. Dabei wird hier vorausgesetzt, daß die Faktorpreise und die Faktorqualitäten konstant sind.

Aufgabe 3.2:

Schauen Sie nach, was in einem Wirtschaftslexikon unter dem Stichwort „Kosten" zu finden ist. Erläutern Sie den Unterschied zwischen dem pagatorischen und dem wertmäßigen Kostenbegriff im Hinblick auf das Mengen- und das Wertgerüst der Kosten.

Aufgabe 3.3:

Ein kunststoffverarbeitendes Unternehmen stellt unter anderem Stoßstangen für die Automobilindustrie her. Für diese Produktion wird ein bestimmtes Kunststoffgranulat benötigt, das den einzigen knappen Produktionsfaktor darstellt. Das Granulat wird für 80 [GE/ME] von einem Lieferanten beschafft, der pro Periode nur 200 [ME] liefern kann. Das Unternehmen produziert 2 Typen von Stoßstangen, deren relevante Daten der folgenden Tabelle entnommen werden können.

Typ	Verkaufspreis [DM/ME]	Produktionskosten inkl. des Granulates [DM/ME]	Produktionskoeffizient [ME des Granulates pro Stoßstange]	Maximale Absatzmenge pro Periode
I	500	370	3	50
II	400	290	2	80

a) Errechnen Sie die pagatorischen und die wertmäßigen Kosten pro [ME] des Kunststoffgranulates unter der Annahme, daß das Unternehmen nach Gewinnmaximierung strebt!

b) Wie verhalten sich die errechneten Kostengrößen, wenn man annnimmt, daß die Liefermenge des Granulates nicht beschränkt ist?

3.2.2 Kosteneinflußgrößen der Produktion

Eine generelle Kostenfunktion muß nicht nur die Ausbringungsmenge, sondern sämtliche auf noch zu treffende Entscheidungen (Aktionsparameter), auf bereits getroffene Entscheidungen (Sekundärdaten) und auf externe Daten (Primärdaten) zurückgehende Einflußgrößen umfassen, wenn sie eine allgemeingültige Erklärung für die Kostenhöhe geben soll. Erich Gutenberg prägte für Größen, die die Höhe der Kosten bestimmen, den Begriff *Kosteneinflußgrößen*.

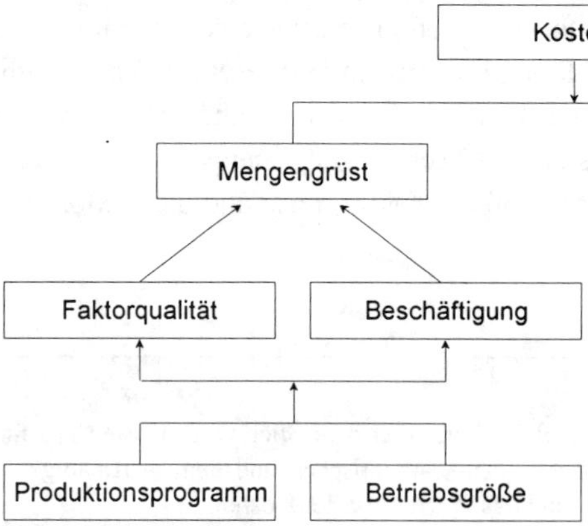

Abbildung 3.6: Kosteneinflußgrößen in der Produktion

Oben wurde erläutert, daß die Kosten das Produkt aus Faktoreinsatzmengen und Faktorpreisen sind. Folglich hängt das Produktionskostenniveau zum einen von den Faktoreinsatzmengen und zum anderen von den Faktorpreisen ab. Das Mengengerüst der Kosten hängt von vier Faktoren ab: der technisch-organisatorischen Beschaffenheit der Produktionsbedingungen (Faktorqualitäten), den Proportionen, in denen die Faktoreinsatzmengen zueinander stehen (Faktorproportionen), der Betriebsgröße und dem Produktionsprogramm. Erste Kosteneinflußgröße ist somit die Änderung der *Faktorqualitäten*: Verbesserung der Arbeitsvorbereitung, laufende Erneuerung des Maschinenparks, Wechsel des Produktionsverfahrens, Einsatz neuer Werkstoffe, Schulung der Mitarbeiter usw.. Änderungen der Faktorproportionen ergeben sich, wenn die Beschäftigung des Betriebes variiert wird. Zweite Kosteneinflußgröße ist somit die Änderung der *Beschäftigung*. Änderungen der *Betriebsgröße* - soweit es sich nicht um eine multiple Betriebsgrößenänderung handelt - sind die dritte Kosteneinflußgröße: Die Produktionsausdehnung führt zu neuen Produktionsverfahren, die mit Änderungen der Faktorqualitäten und -proportionen verbunden sind. Veränderungen des *Produktionsprogramms* beeinflussen das Produktionskostenniveau und stellen deshalb die vierte Kosteneinflußgröße dar, die wiederum Rückwirkungen auf die Faktorqualitäten und -proportionen hat. Die fünfte Kosteneinflußgröße setzt an der Wertkomponente der Kosten an. Änderungen der *Faktorpreise* führen zu Produktionskostenänderungen. Letztlich hat man es mit drei originären Kosteneinflußgrößen zu tun: Änderungen der Faktorqualitäten, der Beschäftigung und der Faktorpreise. Änderungen in den Faktorqualitäten bedeuten eine Änderung der produktiven Kombination und damit einen Übergang zu einer neuen Produktionsfunktion. Hier werden investitionstheoretische Probleme angeschnitten, die im folgenden ausgeklammert werden sollen.

Aufgabe 3.4:

Erich Gutenberg führte den Begriff der Kosteneinflußgrößen in die Kostentheorie ein. Als Größen, die die Höhe der Kosten beeinflussen, unterscheidet er: Faktorqualität, Beschäftigung, Betriebsgröße, Produktionsprogramm und Faktorpreis. Versuchen Sie, diese Kosteneinflußgrößen inhaltlich zu füllen, indem Sie, bezugnehmend auf eine Möbelfabrik, Beispiele für die Größen suchen.

Literaturhinweise und Leseliste zum 3. Kapitel:

Einführende Literatur:

Adam, D., Produktionsmanagement, 7. vollst. überarb. u. erweit. Auflage, Wiesbaden 1993, S. 114 - 153. (*)

Witte, Th., Produktionsfunktionen und ihre betriebswirtschaftliche Bedeutung, in: WISU Heft 8 und 9, 1988. (*)

Weiterführende Literatur :

Adam, D. Entscheidungsorientierte Kostenbewertung, Wiesbaden 1970.

Gutenberg, E., Grundlagen der Betriebswirtschaftslehre, Band 1, Die Produktion, 23. Auflage, Berlin u.a. 1979, S. 1 ff., S. 298 ff. u. S. 338 ff. (*)

Heinen, E., Betriebswirtschaftliche Kostenlehre, 6. Auflage, Wiesbaden 1983.

Koch, H., Zur Frage des pagatorischen Kostenbegriffes, in: ZfB, 29. Jg. (1959), S. 8 ff.

Kortzfleisch, G., Systematik der Produktionsmethoden, in Jacob, H., Industriebetriebslehre, 4. Auflage, Wiesbaden 1990.

(*) Pflichtlektüre

4. Produktions- und Kostentheorie auf der Grundlage der Leontief-Produktionsfunktion

4.1 Allgemeine Kennzeichnung der Leontief-Produktionsfunktion

Zunächst sollen die Produktionsfunktionen mit direktem Mengenbezug erläutert werden. Produktionsfunktionen dieser Art führen Faktorverbräuche direkt und ohne weitere erklärende Variablen auf die Ausbringung zurück. Dazu zählt die *Leontief-Produktionsfunktion.*

Dieser Typ von Produktionsfunktion ist benannt nach Wassily Wassilowitsch Leontief, seit 1933 Professor an der Harvard Universität, Nobelpreisträger von 1973, der diese Art von funktionalem Zusammenhang seinen volkswirtschaftlichen Input-/Output-Analysen zugrunde legte. Die Leontief-Produktionsfunktion geht davon aus, daß alle Faktorverbräuche direkt proportional zur Ausbringungsmenge sind. Das heißt nichts anderes, als daß jede Mengeneinheit der Ausbringung eine vorgegebene gleichbleibende Menge eines jeden Faktors der Art i verbraucht. Dieser Verbrauch pro Mengeneinheit wird durch den Produktionskoeffizienten a_i gemessen und in Faktoreinheiten pro Mengeneinheit angegeben. Alle Einsatzfaktoren sind *limitational* und verhalten sich so wie der Einsatzfaktor Material im Beispiel des Abschnitts 3.1.

Man geht etwa wieder von n Faktoren aus, die in den Mengen $r_1, \ldots, r_n$ zur Verfügung stehen. Sie werden in Faktoreinheiten gemessen. Die entsprechenden Produktionskoeffizienten seien mit $a_1, \ldots, a_n$ bezeichnet. Sie geben für jeden Einsatzfaktor i den Verbrauch pro ME der Ausbringung in Einheiten des Einsatzfaktors an. Die Dimension lautet somit [FE/ME]. Dann gibt der Quotient r_i / a_i für jeden Faktor i =1, ..., n die Ausbringungsmengenbeschränkung an, die aus diesem Faktor resultiert. Für mögliche Ausbringungsmengen x, die aus vorgegebenen Einsatzmengen r_i (i = 1, ..., n) resultieren können, gilt also:

$$x \leq r_i / a_i \text{ für } i = 1,\ldots, n.$$

Damit legt im Einproduktfall der kleinste Quotient die größtmögliche Ausbringungsmenge fest. Es ergibt sich die Produktionsfunktion:

$$x = \min (r_1 / a_1, r_2 / a_2,\ldots, r_n / a_n).$$

Diese Art der Produktionsfunktion liegt allen Produktionsplanungssätzen der linearen Programmierung sowie den heutigen EDV-gestützten Produktionsplanungssystemen zugrunde. Unter Anwendungsgesichtspunkten stellt sie daher den bedeutsamsten Typ einer Produktionsfunktion dar. Die Annahme, daß Faktorverbräuche sich in erster Näherung linear in Abhängigkeit von der Ausbringungsmenge verhalten, ist eine in vielen Anwendungsfällen vertretbare Vereinfachung, insbesondere dann, wenn von vornherein auf eine Erklärung der Faktorverbräuche verzichtet wird, die über die Ausbringungsmenge hinausgeht.

Gibt man die Ausbringungsmenge vor und fragt nach den mindestens benötigten Faktoreinsatzmengen, so erhält man in diesem Fall die Verbrauchsfunktionen:

$r_i(x) = a_i \cdot x$ für $i = 1, \ldots, n$.

Sie stellen eindeutig die Anforderung dar, die eine Ausbringungsmenge x an die Einsatzfaktoren stellt, wenn man Verschwendung ausschließt.

4.2 Ein Zahlenbeispiel für den Einprodukt-Fall mit zwei Einsatzfaktoren

Das folgende Beispiel verfolgt den Zweck, das begriffliche, graphische und analytische Instrumentarium der Produktions- und Kostentheorie vorzustellen. Für den einfachen Fall, daß nur 2 Faktoren zum Einsatz kommen, läßt sich bei einer Produktart der mengenmäßige Zusammenhang auch graphisch darstellen. Die Abbildung 4.1 gibt einen Überblick über das zugrundeliegende produktive System.

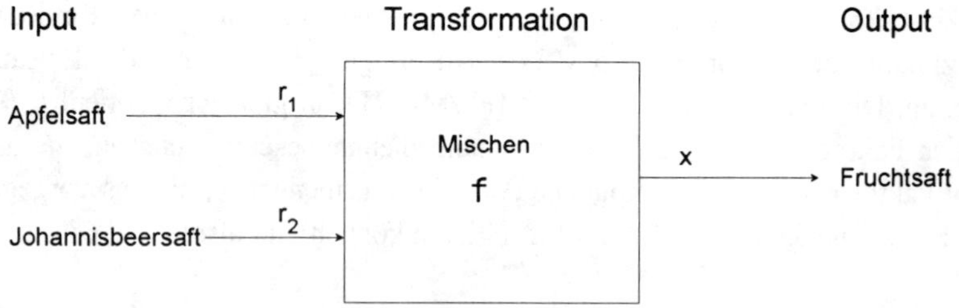

Abbildung 4.1: Die Fruchtsaftproduktion

Aus Apfelsaft und Johannisbeersaft soll ein bestimmter Fruchtsaft hergestellt werden. Dazu sollen diese beiden Komponenten im Verhältnis 3 : 1 gemischt werden. Drei Liter Apfelsaft und ein Liter Johannisbeersaft ergeben somit vier Liter Fruchtsaft. Das Mischungsverhältnis muß bei der Produktion eingehalten werden.

Damit gilt:

$n = 2$; $a_1 = 3/4$; $a_2 = 1/4$.

Mit den Bezeichnungen:

r_1 : Einsatzmenge Apfelsaft in [l],
r_2 : Einsatzmenge Johannisbeersaft in [l],
x : Ausbringungsmenge Fruchtsaft in [l],

$= \min\{r_1/(3/4), r_2/(1/4)\}$

ist dann: $x = \min\left((4/3) \cdot r_1, 4 \cdot r_2\right)$.

$x(9,2) = \min\{4/3 * 9, 4 * 2\}$
$= \min\{12, 8\} = 8$

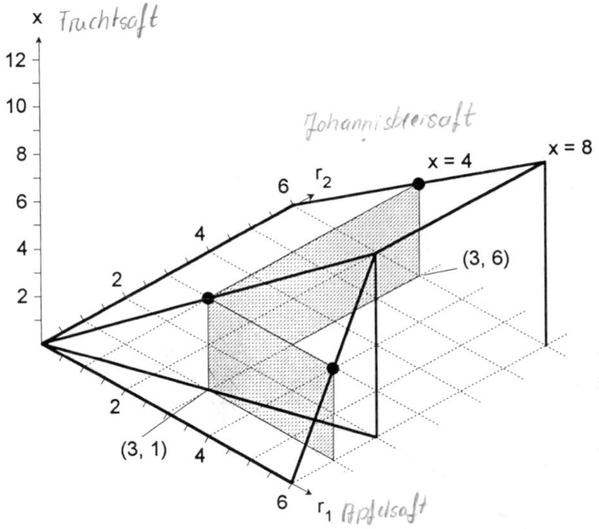

Abbildung 4.2: Die graphische Darstellung einer Leontief-Produktionsfunktion mit zwei Einsatzfaktoren

In Abbildung 4.2 ist der Zusammenhang zwischen Einsatzmengen und Ausbringungsmenge graphisch dargestellt. Es ist leicht zu sehen, daß eine Ausbringungsmenge von $x = 8$ [l] Fruchtsaft mit 6 [l] Apfelsaft und 2 [l] Johannisbeersaft gemischt werden kann. Aber auch bei Einsatz von jeweils 6 [l] Apfel- und Johannisbeersaft können aufgrund des vorgeschriebenen Mischungsverhältnisses nur 8 [l] Fruchtsaft gewonnen werden, so daß Faktorverschwendung vorliegt.

Diejenigen Kombinationen, bei denen keine Einsatzmengen verschwendet werden, liegen alle auf einer Ursprungsgeraden, einem sogenannten *Prozeßstrahl*. Für die Punkte auf diesem muß gelten: $r_1 / a_1 = r_2 / a_2$. Im Beispiel ist dieser Prozeßstrahl daher in der (r_1, r_2)-Ebene durch die folgende Gleichung gekennzeichnet:

$$r_2 (r_1) = 1/3 \cdot r_1.$$

Auf dem Prozeßstrahl befinden sich ausschließlich *effiziente Punkte*, die dadurch gekennzeichnet sind, daß die Ausbringungsmenge, die durch die entsprechenden Einsatzmengen erreichbar ist, nicht mit weniger Faktoreinsatz herstellbar ist. Daher heißt ein Punkt (r_1, r_2) effizient, wenn es keinen Punkt (r_1', r_2') gibt mit

$$x (r_1, r_2) = x (r_1', r_2'),$$

für den $(r_1' < r_1$ und $r_2' \leq r_2)$ oder $(r_1' \leq r_1$ und $r_2' < r_2)$ gilt.

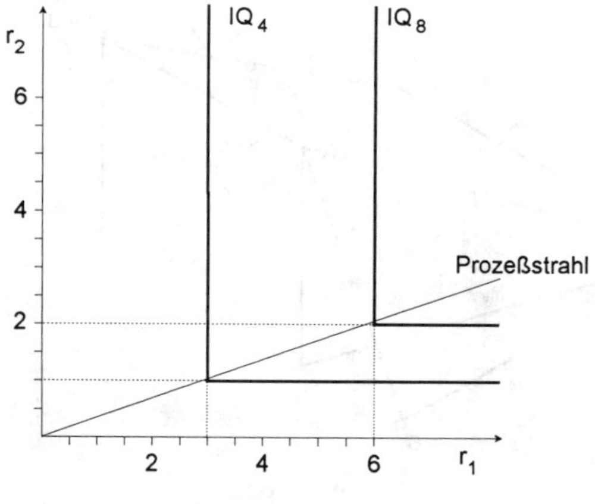

Abbildung 4.3: Isoquanten einer Leontief-Produktionsfunktion

Geht man von einem Punkt auf dem effizienten Prozeßstrahl aus und fügt den durch ihn gekennzeichneten Faktoreinsatzmengen nur etwas von dem einen oder anderen Faktor hinzu, läßt sich die Ausbringungsmenge wegen des geforderten Mischungsverhältnisses nicht steigern, sondern bleibt auf dem bisherigen Niveau. Diejenigen Punkte, die Faktoreinsatzmengenkombinationen mit gleicher Ausbringung darstellen, liegen daher auf Halbgeraden parallel zur r_1- und r_2-Achse mit Ursprung auf dem effizienten Prozeßstrahl.

Linien, die Punkte (Faktoreinsatzmengenkombinationen) mit gleicher Ausbringungsmenge verbinden, heißen *Isoquanten*. Sie entsprechen Höhenlinien auf einer Landkarte. Eine Isoquante IQ_c für ein vorgegebenes Ausbringungsniveau c stellt die Menge aller Einsatzmengenkombinationen dar, mit denen die vorgegebene Ausbringung c erreichbar ist. Abbildung 4.3 gibt zwei Isoquanten der Leontief-Produktionsfunktion des Fruchtsaft-Beispiels an. Für das Beispiel gilt also:

$$\begin{aligned} IQ_c &= \{ (r_1, r_2) \mid x(r_1, r_2) = c \} \\ &= \{ (r_1, r_2) \mid \min\{r_1 / a_1, r_2 / a_2\} = c \} \\ &= \{ (r_1, r_2) \mid (r_1 / a_1 = c \text{ und } r_2 / a_2 \geq c) \text{ oder } (r_1 / a_1 \geq c \text{ und } r_2 / a_2 = c) \}. \end{aligned}$$

Werden die Einsatzmengen des ersten Faktors mit q_1 [GE/FE$_1$] und die des zweiten Faktors mit q_2 [GE/FE$_2$] bewertet, ergeben sich für jede Einsatzmengenkombination (r_1, r_2) Kosten [GE] in Abhängigkeit von den Einsatzmengen:

$$K(r_1, r_2) = q_1 \cdot r_1 + q_2 \cdot r_2 \text{ für } r_1 \geq 0 \text{ und } r_2 \geq 0.$$

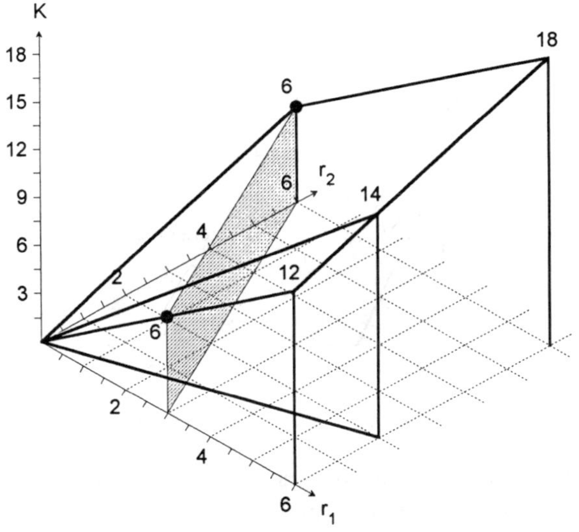

Abbildung 4.4: Darstellung einer linearen Kostenfunktion

Eine derartige Kostenfunktion ist linear hinsichtlich der Einsatzfaktoren, d. h., jede Einsatzmengeneinheit kostet unabhängig von der Einsatzhöhe gleich viel. Gilt im Beispiel $q_1 = 2$ [GE/l] und $q_2 = 1$ [GE/l], erhält man die Kostenfunktion:

$$K(r_1, r_2) = 2 \cdot r_1 + 1 \cdot r_2.$$

In Abbildung 4.4 sind zusätzlich zur Kostenfunktion der Kostenverlauf für den effizienten Prozeßstrahl und die Isokostenlinie für K = 6 eingezeichnet.

Isokostenlinien fassen diejenigen Punkte zusammen, die Einsatzmengenkombinationen mit gleichen Kosten darstellen. Für jede gegebene Kostenhöhe d läßt sich eine Isokostenlinie IK_d definieren:

$$\begin{aligned} IK_d &= \{ (r_1, r_2) \mid K(r_1, r_2) = d \} \\ &= \{ (r_1, r_2) \mid q_1 \cdot r_1 + q_2 \cdot r_2 = d \}. \end{aligned}$$

Damit wird deutlich, daß Isokostenlinien Geraden in der (r_1, r_2)-Ebene sind, die sich wie folgt kennzeichnen lassen:

$$r_2 (r_1) = -(q_1 / q_2) \cdot r_1 + d / q_2.$$

In Abbildung 4.5 sind Isokostenlinien des Beispiels für verschiedene Kostenhöhen gezeichnet.

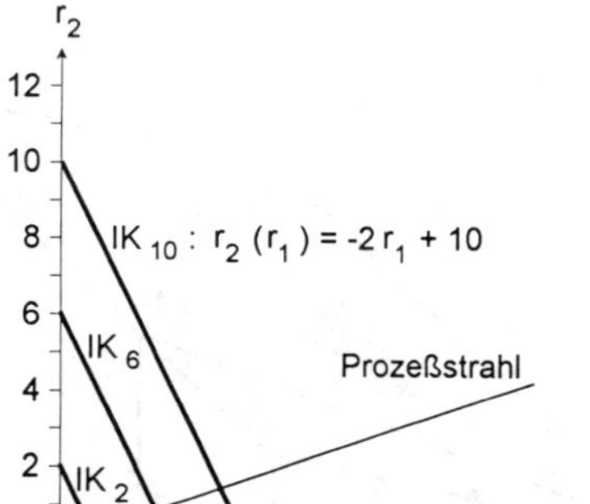

Abbildung 4.5: Isokostenlinien einer linearen Kostenfunktion

Die bislang entwickelten Produktions- und Kostenfunktionen lassen sich nutzen, um das *Wirtschaftlichkeitsprinzip* im Modell anzuwenden. In der *Minimumversion* geht man von einer gegebenen Ausbringungsmenge x = const. aus. Gesucht sind Einsatzmengen r_1 und r_2, die die vorgegebene Ausbringungsmenge mit minimalen Kosten erreichen. Es gilt also, die Kostenfunktion

$$K(r_1, r_2) = q_1 \cdot r_1 + q_2 \cdot r_2$$

über die Einsatzmengen r_1 und r_2 zu minimieren unter der Nebenbedingung, daß die Ausbringungsmenge $x(r_1, r_2)$ konstant ist.

In Abbildung 4.6 ist der Kostenverlauf für eine Isoquante einer Leontief-Produktionsfunktion dargestellt.

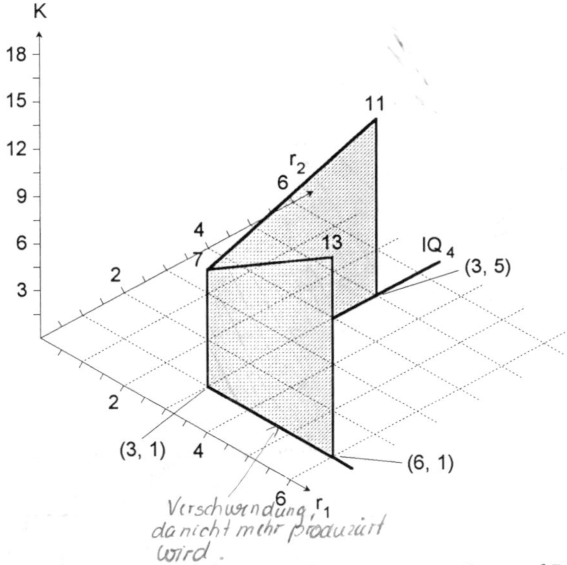

Abbildung 4.6: Der Kostenverlauf über einer Isoquante einer Leontief-Produktionsfunktion

Damit wird deutlich, daß die Kosten für eine vorgegebene Ausbringung x minimal sind, wenn $r_i = a_i \cdot x$ für i = 1,..., n gilt. Dieses Ergebnis ist ja intuitiv auch zu erwarten, weil dann keine Faktoreinsatzmengen verschwendet werden.

In der *Maximumversion* des Wirtschaftlichkeitsprinzips ist ein Kostenbudget $K (r_1, r_2)$ vorgegeben. Es wird die maximale Ausbringung gesucht, die mit diesen Kosten erreicht werden kann. Es ist also die Produktionsfunktion

$$x (r_1, r_2) = \min (r_1 / a_1, r_2 / a_2)$$

über die Einsatzmengen zu maximieren unter der Nebenbedingung, daß die Kosten $K (r_1, r_2)$ konstant sind.

Abbildung 4.7 zeigt den Verlauf der Ausbringungsmengen für die Einsatzmengenkombinationen einer Isokostenlinie. Auch hier wird deutlich, daß das optimale Verhalten durch den effizienten Prozeßstrahl gekennzeichnet ist.

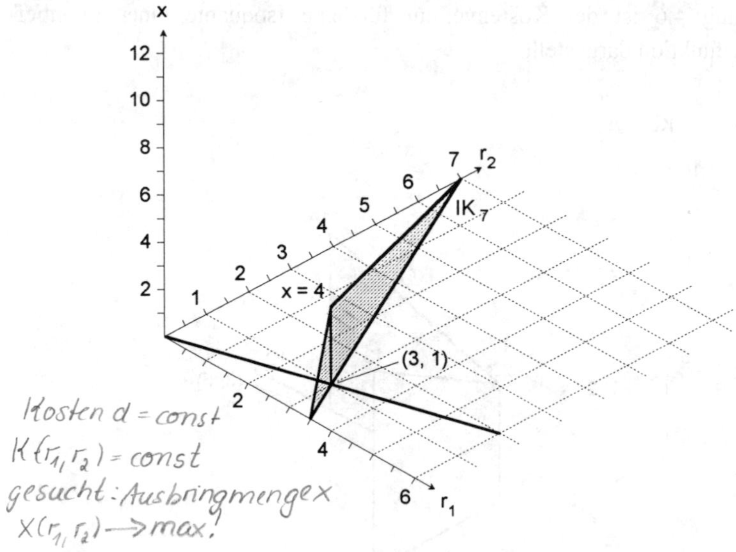

Abbildung 4.7: Das Ausbringungsverhalten über einer Isokostenlinie

---

Aufgabe 4.1:

Eine Zementfabrik stellt aus einem Sandgemisch und aus Zement einen speziellen Fertigmörtel her, der in Säcken à 50 [kg] verkauft wird. Pro Sack werden 40 [kg] Sandgemisch und 10 [kg] Zement benötigt, damit der Mörtel die gewünschten Eigenschaften hat. Dieses Mischungsverhältnis muß bei der Produktion eingehalten werden.

a) Zeichnen Sie ein Isoquantenschema in der (r_1, r_2)-Ebene und den Prozeßstrahl der effizienten Faktorkombinationen für die obige Produktionssituation. Geben Sie auch die Gleichungen des effizienten Prozeßstrahls und der Isoquante IQ_{100} an.

b) Stellen Sie den Zusammenhang zwischen der Mörtelausbringung x und den Einsatzmengen der beiden Faktoren r_1 (Zement) und r_2 (Sandgemisch) graphisch dar.

c) Als Preise für die Einsatzfaktoren gelten die folgenden Werte Zement: $q_1 = 0{,}1$ [DM/kg]; Sandgemisch: $q_2 = 0{,}03$ [DM/kg] . Konstruieren Sie ein Kostengebirge über der (r_1, r_2)-Ebene, das die gegebenen Faktorpreise berücksichtigt. Zeichnen Sie beispielhaft eine Isokostenlinie für den Kostenbetrag K (r_1, r_2) = 30,- [DM] ein.

d) Ermitteln Sie mit Hilfe der oben aufgestellten Produktions- und Kostenfunktionen die Einsatzmengenkombination (r_1, r_2), di eine Ausbringungsmenge von 100 [kg] mit minimalen Kosten erreicht. Stellen Sie die Situation graphisch dar.

e) Gesucht wird die maximale Ausbringung, die mit einem Kostenbudget von 30 [DM] erreicht werden kann. Erstellen Sie eine Graphik, die die Produktionsmengen über der Isokostenlinie IK_{30} abbildet.

4.3 Die Leontief-Produktionsfunktion bei mehrstufiger Fertigung und die zugehörige Kostenfunktion

Auch für den eher der Praxis entsprechenden Fall der mehrstufigen Fertigung läßt sich ein linearer Zusammenhang zwischen Einsatzmengen und Ausbringungsmenge sowie der zugehörigen Kostenfunktion unterstellen. Die entsprechende Modellierung soll an einem sehr einfachen Beispiel erläutert werden.

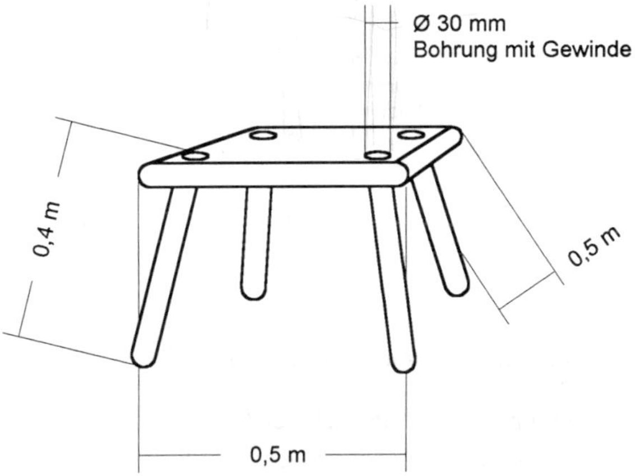

Abbildung 4.8: Konstruktionszeichnung für den Hocker

Das zu erstellende Produkt ist ein Hocker. Er hat als Bestandteile die Sitzfläche und die vier Beine. Eine Konstruktionsskizze ist in Abbildung 4.8 wiedergegeben.

Als Rohmaterial wird für die Sitzfläche eine Tischlerplatte (Buche) in der Abmessung 5 [cm] · 100 [cm] · 100 [cm] eingesetzt. Die Beine werden aus Kantholz (Buche) in der Abmessung 6 [cm] · 6 [cm] · 200 [cm] hergestellt. Die Produktion der Hocker erfolgt in einer Tischlerei, die im wesentlichen in der Form der Fließfertigung organisiert ist. Das Produktionssystem ist mit den eingesetzten Maschinen und dem Materialfluß in Abbildung 4.9 dargestellt. Die Sitzflächen werden in dem oberen Fertigungsbereich hergestellt. Zunächst werden die Platten auf der Plattensäge zerlegt, dann auf der Schleifmaschine geglättet und schließlich auf der Bohrmaschine mit Gewindebohrungen versehen, in die die Beine eingesetzt werden können.

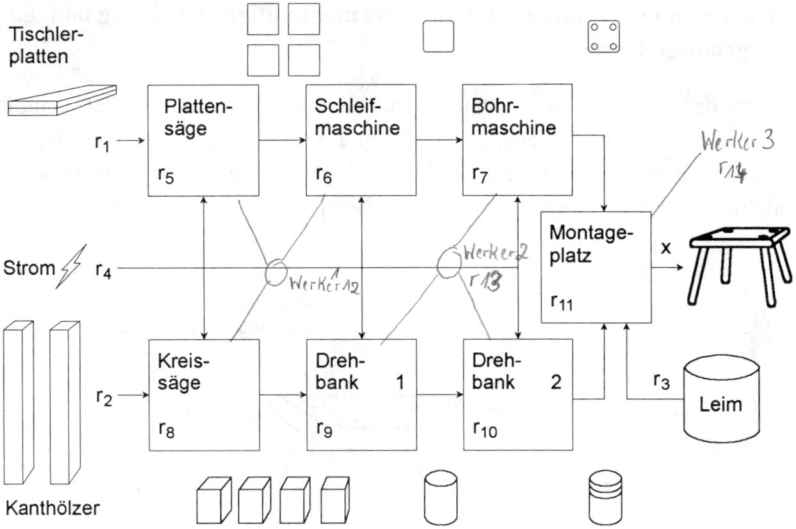

Abbildung 4.9: Ein mehrstufiges Produktionssystem für den Hocker

Die Beine werden im unteren Fertigungsbereich hergestellt. Zunächst werden auf der Kreissäge die Kanthölzer in entsprechende Stücke abgelängt, dann auf der Drehbank 1 rundgedreht und schließlich auf der Drehbank 2 mit einem Gewinde versehen. Alle Maschinen werden elektrisch jeweils mit einem 1000 [Watt] Motor angetrieben. Der Zusammenbau der Hocker erfolgt auf einem Montageplatz. Dabei wird neben den Teilen noch Leim benötigt. Für die Produktion werden 3 Werker eingesetzt. Die Arbeitskraft 1 erledigt das Sägen (Plattensäge und Kreissäge) und das Schleifen. Die Arbeitskraft 2 ist für das Drehen (Drehbank 1 und 2) und das Bohren zuständig. Arbeitskraft 3 baut die Hocker zusammen. In Abbildung 4.10 wird ein Überblick über die Einsatzfaktoren gegeben. Dabei sind die Faktoren nach Gruppen geordnet. Für jeden Faktor sind die entsprechende Mengenvariable, der zugehörige Produktionskoeffizient und seine Dimension angegeben. Die Produktionskoeffizienten beziehen sich dabei auf eine Mengeneinheit der Ausbringung. Sie müssen aus der Konstruktionszeichnung oder konkret vor Ort durch Messung und Beobachtung ermittelt werden. Natürlich müssen die Produktionskoeffizienten konsistent zueinander sein. So müssen die Vorgangszeiten der Maschinen und der Werker aufeinander abgestimmt sein, und der Stromverbrauch der Maschinen muß sich aus der Wattzahl des Aggregates und der Laufzeit pro Mengeneinheit ergeben.

Gruppe	Faktorname	Mengen-variable	Produktions-koeffizient	Dimension
Material	T.-Platte	r_1	$a_1 = 0{,}25$	[m^2/ME]
	Kantholz	r_2	$a_2 = 2{,}00$	[m/ME]
Hilfsmaterial	Leim	r_3	$a_3 = 4{,}00$	[cm^3/ME]
Energie	Strom	r_4	$a_4 = 0{,}47$	[kWh/ME]
Maschinen	P.-Säge	r_5	$a_5 = 1{,}00$	[min/ME]
	Schleifmaschine	r_6	$a_6 = 3{,}00$	[min/ME]
	Bohrmaschine	r_7	$a_7 = 4{,}00$	[min/ME]
	Kreissäge	r_8	$a_8 = 2{,}00$	[min/ME]
	Drehbank 1	r_9	$a_9 = 8{,}00$	[min/ME]
	Drehbank 2	r_{10}	$a_{10} = 10{,}00$	[min/ME]
	Montageplatz	r_{11}	$a_{11} = 4{,}00$	[min/ME]
Arbeitskraft	Werker 1	r_{12}	$a_{12} = 6{,}00$	[min/ME]
	Werker 2	r_{13}	$a_{13} = 22{,}00$	[min/ME]
	Werker 3	r_{14}	$a_{14} = 4{,}00$	[min/ME]

Abbildung 4.10: Tabelle der Einsatzfaktoren in der Tischlerei

Bezeichnet man mit x die Ausbringungsmenge, erhält man, ähnlich wie im Falle der einstufigen Produktion, als Produktionsfunktion:

$$x = f(r_1, \ldots, r_{14}) = \min \{ r_i / a_i;\ i = 1, \ldots, 14 \}.$$

Ein Prozeß ist effizient genau dann, wenn

$r_i = a_i \cdot x$ für $i = 1, \ldots, 14$ gilt.

Sind für die unterschiedlichen Faktorarten i Kostensätze q_i in [GE/FE$_i$] bekannt, ergibt sich folgende Kostenfunktion:

$$K(r_1, \ldots, r_{14}) = q_1 \cdot r_1 + q_2 \cdot r_2 + \ldots + q_{14} \cdot r_{14}.$$

Die Kostensätze sind entsprechend den Faktorarten zu bestimmen, zum Beispiel in [DM/min] für Arbeitskräfte und Maschinen oder in [DM/m^2] für die Tischlerplatte. Besteht das Endprodukt wie im Beispiel aus Teilen, die einzeln erstellt und dann zusammengebaut werden, ist es bei der Erstellung der Produktionsfunktion empfehlenswert, sich zunächst einen Überblick darüber zu verschaffen, welche Teile überhaupt benötigt werden, und anschließend den Faktorverbrauch für die Teile zu bestimmen. Durch Verknüpfung der Faktorverbräuche für die Teile sowie des Teilebedarfs pro Einheit des Endproduktes ergibt sich schließlich der Faktorverbrauch pro Mengeneinheit des Endproduktes. Diese Vorgehensweise ist von Vorteil, weil es dafür klare Berechnungsvorschriften gibt, die sich leicht auf einem Rechner implementieren lassen. Die Abbildung 4.11 veranschaulicht diese Überlegungen noch einmal.

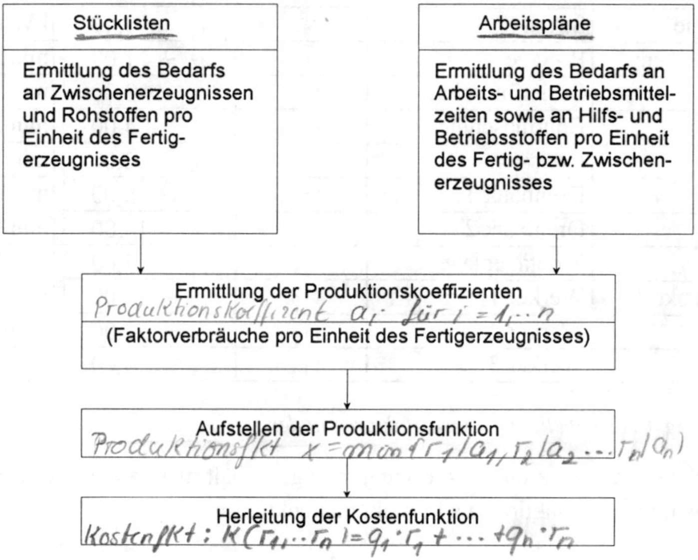

Abbildung 4.11: Der Prozeß zur Aufstellung einer Produktions- und Kostenfunktion

Eine Aufstellung aller benötigten Teile bezeichnet man als *Stückliste*. Sie läßt sich sowohl für Fertigprodukte als auch für Halbfabrikate formulieren. Eine Stückliste ist somit eine Liste der Halbfabrikate und Werkstoffe, die zur Herstellung einer Mengeneinheit des betrachteten Fertig- oder Halbfabrikates benötigt werden. In der Abbildung 4.12 sind die Stücklisten für das Beispiel mit dem Hocker in Form von Baukastenstücklisten angegeben und durch einen Gozintographen dargestellt.

Ein *Gozintograph* ist ein gerichteter Graph aus Knoten und Pfeilen, der die Erzeugnisstruktur verdeutlicht. Von Rohstoffen über Zwischenprodukte zu Endprodukten wird an den Pfeilen angegeben, wieviel Mengeneinheiten eines vorgelagerten Teils in eine Mengeneinheit des nachfolgenden Teils eingehen. Jeder Knoten in einem Gozintographen repräsentiert mithin ein bestimmtes Teil (Rohstoff, Zwischenprodukt oder Fertigprodukt), und jeder Pfeil verkörpert einen oder mehrere Bearbeitungsvorgänge. Ursprünglich wurde das Wort Gozintograph aus der amerikanischen Floskel „the part that goes into“ gebildet.

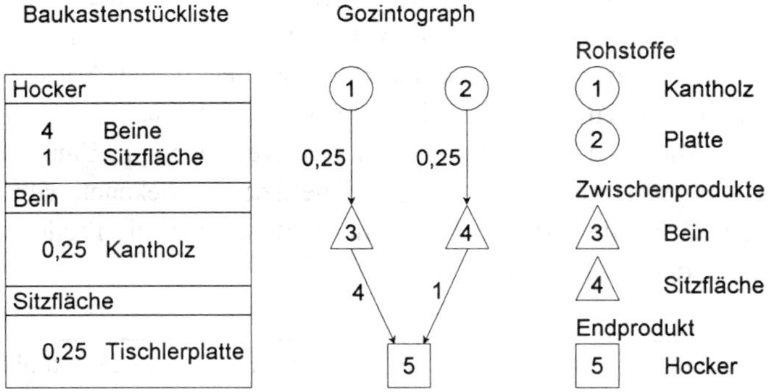

Abbildung 4.12: Stückliste und Gozintograph für den Hocker

Für jedes Halb- oder Fertigfabrikat läßt sich in einem *Arbeitsplan* beschreiben, wie es hergestellt werden soll. Der Arbeitsplan bezieht sich auf zwei direkt aufeinanderfolgende Ebenen der Baukastenstückliste und legt fest, wie ein Produkt der höheren Ebene, ausgehend von den Teilen oder Vormaterialien der niedrigeren Ebene, erstellt werden soll. Er ist daher eine Beschreibung der Herstellung eines Halb- oder Fertigfabrikates, die folgende Informationen enthalten sollte:

- Art und Menge des für ein Teil benötigten Materials,
- Bearbeitungsvorgänge nach Art und Reihenfolge.

  Für jeden Vorgang dabei:

  - benötigtes Personal: Zeitbedarf pro Teil,
  - benötigte Maschinen: Zeitbedarf pro Teil,
  - benötigtes Werkzeug nach Art und Menge,
  - benötigte Hilfsmittel nach Art und Menge.

In der Regel kann man davon ausgehen, daß die Nutzungsdauer des Werkzeuges und der Hilfsmittel pro Teil proportional zur Maschinenbelegdauer und zum Verbrauch der entsprechenden Einsatzfaktoren ist. Im großen und ganzen stehen somit in den Arbeitsplänen - direkt oder leicht daraus ermittelbar - die Produktionskoeffizienten der Halb- und Fertigfabrikate für alle benötigten Produktionsfaktoren.

Die Abbildung 4.13 gibt den Arbeitsplan für die Herstellung eines Beines des Hockers wieder. Dabei wird der Bedarf eines Einsatzfaktors i pro Bein durch den Produktionskoeffizienten $a^B{}_i$ angegeben. Zum leichteren Verständnis ist die Bezeichnung des Einsatzfaktors jeweils dahinter noch einmal in Klammern angegeben. Zumeist sind weitere Informationen nötig, um einen vollständigen Überblick über die benötigten Einsatzfaktoren zu bekommen. So muß man im Beispiel Informationen aus der Anlagendatei, nämlich die Angaben über die Wattzahl der Maschinen, nutzen, um den Energieverbrauch pro Einheit zu ermitteln. Sind für jedes Teil alle Produktionskoeffizienten bekannt, läßt sich bei Kenntnis des Gesamtbedarfs pro Halb- oder Fertigfabrikat die Produktionsfunktion für das Endprodukt ermitteln.

Materialbedarf		:	$a^B{}_2$	=	0,5 [m/Bein]	(Kantholz)
Arbeitsgänge:						
	Zerlegen	:	aB8	=	0,5 [min/Bein]	(Kreissäge)
			$a^B{}_{12}$	=	0,5 [min/Bein]	(Werker 1)
	Runddrehen	:	$a^B{}_9$	=	2,0 [min/Bein]	(Drehbank 1)
			$a^B{}_{13}$	=	2,0 [min/Bein]	(Werker 2)
	Gewindedrehen	:	$a^B{}_{10}$	=	2,5 [min/Bein]	(Drehbank 2)
			$a^B{}_{13}$	=	2,5 [min/Bein]	(Werker 2)

Abbildung 4.13: Arbeitsplan für ein Bein des Hockers

Insgesamt ergibt sich damit eine systematische, schrittweise Vorgehensweise zur Ermittlung der Einsatzfaktormengen, die pro Mengeneinheit der Ausbringung benötigt werden:

1. Schritt: Festlegung des Direktbedarfs an Teilen durch eine Stückliste,

2. Schritt: Ermittlung des Teilegesamtbedarfs pro Einheit der Ausbringung,

3. Schritt: Ermittlung der pro Teil direkt benötigten Einsatzfaktormengen auf der Grundlage der Arbeitspläne und weiterer Dateien,

4. Schritt: Ermittlung der insgesamt pro Mengeneinheit der Ausbringung benötigten Einsatzfaktormengen.

4.4 Der Zusammenhang zwischen Teiledirektbedarf, Teilegesamtbedarf und Produktionsfunktion

Ausgehend von der Stückliste läßt sich der Teiledirektbedarf in Form einer Matrix N angeben. Zunächst werden alle Teile durchnumeriert. Die Matrix N für den Teiledirektbedarf ist dann ein quadratisches Zahlenschema, in dem jedes Element $n_{t,t^\wedge}$ durch einen Zeilenindex t und einen Spaltenindex t^ gekennzeichnet ist. Die Indizes t und t^ durchlaufen jeweils sämtliche Teile. Gibt es insgesamt p unterschiedliche Teile, ist N eine Matrix der Form

$$N = \{ n_{t,t^\wedge} \mid t, t^\wedge = 1, 2, \ldots, p \}.$$

Jedes Element $n_{t,t^\wedge}$ gibt an, wieviel Teile der Art t in einem Teil der Art t^ enthalten sind.

-> Aussage über 2 Stufen

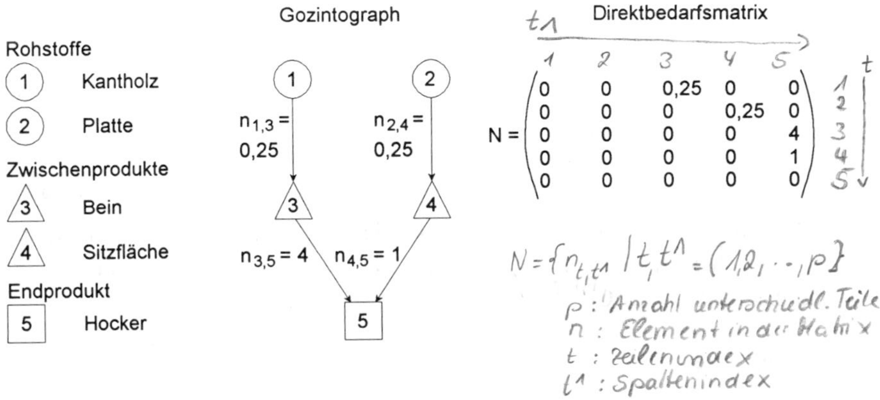

Abbildung 4.14: Gozintograph und Direktbedarfsmatrix für das Hockerbeispiel

In der Abbildung 4.14 sind der *Gozintograph* mit durchnumerierten Teilen und die *Direktbedarfsmatrix* für das Beispiel mit dem Hocker angegeben. Durch eine Numerierung der Teile entsprechend der Reihenfolge der Fertigungsstufen läßt sich bei linearen Produktionsstrukturen immer erreichen, daß die Direktbedarfsmatrix unterhalb der Hauptdiagonalen nur Nullen enthält. Da ferner keine Materialart und kein Produkt in sich selbst eingehen, sind auch die Werte auf der Hauptdiagonalen gleich null, so daß eine „obere Dreiecksmatrix" vorliegt. Der Gesamtbedarf an Teilen für eine vorgegebene Anzahl von Endprodukten läßt sich dann systematisch mit Hilfe der Direktbedarfsmatrix ausrechnen. Das soll zunächst am Beispiel erläutert werden. Mit g_t werde der Gesamtbedarf des Teils t für eine Einheit des Endproduktes bezeichnet. Für jedes Teil t läßt sich durch eine Gleichung kennzeichnen, in welche Teile und in welchen Mengen das vorgegebene Teil eingeht. Durch das folgende Gleichungssystem ist der Gesamtbedarf für einen Hocker festgelegt:

$$
\begin{aligned}
g_5 &= 1 \\
g_4 &= 1 \cdot g_5 \\
g_3 &= 4 \cdot g_5 \\
g_2 &= 1/4 \cdot g_4 \\
g_1 &= 1/4 \cdot g_3.
\end{aligned}
$$

Wird dieses Gleichungssystem in der üblichen Schreibweise aufgeschrieben, d.h. mit den Variablen auf der linken und den Konstanten auf der rechten Seite des Gleichheitszeichens, ergibt sich das folgende Gleichungssystem:

$$
\begin{aligned}
g_1 - 1/4 \cdot g_3 &= 0 \\
g_2 - 1/4 \cdot g_4 &= 0 \\
g_3 - 4 \cdot g_5 &= 0 \\
g_4 - 1 \cdot g_5 &= 0 \\
g_5 &= 1.
\end{aligned}
$$

Allgemein gilt, daß sich für den Gesamtbedarf des Endproduktes g_p, im Beispiel ist p gleich 5, der Wert 1 vorgeben läßt. Für die restlichen Teile t mit $1 \leq t < p$ gilt dann jeweils die Gleichung:

$$g_t - n_{t,t+1} \cdot g_{t+1} - \ldots - n_{t,p} \cdot g_p = 0.$$

Für das Gleichungssystem ergibt sich folgende *Koeffizientenmatrix:*

g_1	g_2	g_3	g_4	g_5	Rechte Seite := b
1	0	–0,25	0	0	0
0	1	0	–0,25	0	0
0	0	1	0	–4	0
0	0	0	1	–1	0
0	0	0	0	1	1

E = Einheitsmatrix

Allgemein gilt:

$$(E - N) = \begin{bmatrix} 1 & -n_{1,2} & -n_{1,3} & \cdots & -n_{1,p} \\ 0 & 1 & & & -n_{2,p} \\ \vdots & & \ddots & & \vdots \\ 0 & 0 & & & -n_{p-1,p} \\ 0 & 0 & 0 & \cdots & 1 \end{bmatrix}$$

Mit b als *Endbedarfsvektor*, g als Variablenvektor für den Teilebedarf und E als Einheitsmatrix läßt sich der Gesamtzusammenhang in Matrixschreibweise wie folgt entwickeln:

$(E - N) * g = b.$

Durch Auflösen nach dem Variablenvektor erhält man als Bestimmungsgleichung für den Variablenvektor:

$(E - N)^{-1} * b = g.$

Dabei ist $(E - N)^{-1}$ die Inverse der Matrix $(E - N)$. Sie wird als *Gesamtbedarfsmatrix* bezeichnet. Werden die Elemente der Gesamtbedarfsmatrix mit $g_{t,t^\wedge}$ bezeichnet, gibt jedes derartige Element die Gesamtmenge an Vorprodukten der Art t an, die in eine Einheit des Halb- oder Fertigfabrikates t^ eingehen. Da die Koeffizientenmatrix $(E - N)$ eine obere Dreiecksmatrix ist, kann die Gesamtbedarfsmatrix als Inverse leicht ermittelt werden.

Für das Beispiel läßt sich der Rechenvorgang an folgendem Schema nachvollziehen (vgl. Abbildung 4.15). Dabei bildet die Koeffizientenmatrix $(E - N)$ in der oberen linken Ecke den Ausgangspunkt. Ihr wird eine entsprechende Einheitsmatrix E gegenübergestellt. Nach der schrittweisen Überführung der Koeffizientenmatrix in eine Einheitsmatrix ergibt sich die Gesamtbedarfsmatrix $(E - N)^{-1}$ in der unteren rechten Ecke des Schemas.

(E – N)					E					Rechenschritt
1	0	-0,25	0	0	1	0	0	0	0	
0	1	0	-0,25	0	0	1	0	0	0	
0	0	1	0	-4	0	0	1	0	0	
0	0	0	1	-1	0	0	0	1	0	*nz4 := aZ4+ Z5*
0	0	0	0	1	0	0	0	0	1	
1	0	-0,25	0	0	1	0	0	0	0	
0	1	0	-0,25	0	0	1	0	0	0	
0	0	1	0	-4	0	0	1	0	0	*nZ3 := aZ3+ 4 · Z5*
0	**0**	**0**	**1**	**0**	**0**	**0**	**0**	**1**	**1**	
0	0	0	0	1	0	0	0	0	1	
1	0	-0,25	0	0	1	0	0	0	0	
0	1	0	-0,25	0	0	1	0	0	0	*nZ2 :=aZ2+0,25 ·Z4*
0	**0**	**1**	**0**	**0**	**0**	**0**	**1**	**0**	**4**	
0	0	0	1	0	0	0	0	1	1	
0	0	0	0	1	0	0	0	0	1	
1	0	-0,25	0	0	1	0	0	0	0	*nZ1 :=aZ1+0,25 ·Z3*
0	**1**	**0**	**0**	**0**	**0**	**1**	**0**	**0,25**	**0,25**	
0	0	1	0	0	0	0	1	0	4	
0	0	0	1	0	0	0	0	1	1	
0	0	0	0	1	0	0	0	0	1	
1	***0***	***0***	***0***	***0***	***1***	***0***	***0,25***	***0***	***1***	
0	*1*	*0*	*0*	*0*	*0*	*1*	*0*	*0,25*	*0,25*	
0	*0*	*1*	*0*	*0*	*0*	*0*	*1*	*0*	*4*	*Hinweis:*
0	*0*	*0*	*1*	*0*	*0*	*0*	*0*	*1*	*1*	*nZ := neue Zeile*
0	0	0	0	1	0	0	0	0	1	*aZ := alte Zeile*
E					**(E – N)$^{-1}$**					

Abbildung 4.15: Schema zur Berechnung der Inversen

Ein Element $g_{t,t^\wedge}$ der Gesamtbedarfsmatrix, das sich in der Zeile t und der Spalte t^ befindet, gibt den Gesamtbedarf des Teils t in einem Teil t^ an. Damit ist klar, daß in der letzten Spalte der Teilegesamtbedarf für eine Einheit des Endproduktes zu finden ist:

$(E-N)^{-1} \cdot b = g.$

$$\begin{bmatrix} 1 & 0 & 0{,}25 & 0 & 1 \\ 0 & 1 & 0 & 0{,}25 & 0{,}25 \\ 0 & 0 & 1 & 0 & 4 \\ 0 & 0 & 0 & 1 & 1 \\ 0 & 0 & 0 & 0 & 1 \end{bmatrix} \cdot \begin{bmatrix} 0 \\ 0 \\ 0 \\ 0 \\ 1 \end{bmatrix} = \begin{bmatrix} g_1 = 1 \\ g_2 = 0{,}25 \\ g_3 = 4 \\ g_4 = 1 \\ g_5 = 1 \end{bmatrix}$$

Der Verbrauch a_i^t eines Faktors i für eine Einheit des Teiles t läßt sich direkt dem Arbeitsplan entnehmen oder aus den dort angegebenen Daten ermitteln. Dann läßt sich mit Hilfe des Teilegesamtbedarfs der Gesamtverbrauch a_i des Faktors i pro Einheit der Ausbringungsmenge nach folgender Formel berechnen:

$$a_i = \sum_{t \in TL} g_t \cdot a_i^t \text{ für } i = 1,\ldots, n.$$

Hierbei enthält die Menge TL sämtliche Teilearten des Gozintographen mit Ausnahme der Rohstoffe, oder anders formuliert, TL umfaßt sämtliche Arten von Zwischen- und Fertigerzeugnissen.

Sind Faktoreinsatzmengen $r_1,\ldots, r_n$ vorgegeben, läßt sich die mögliche Ausbringungsmenge durch folgende Funktion ausdrücken:

$$x = \min\{r_i / a_i; i = 1,\ldots,n\}$$

$$\Rightarrow \quad x = \min\left\{r_i \middle/ \sum_{t \in TL} g_t \cdot a_i^t; i = 1,\ldots,n\right\}.$$

Kennt man darüber hinaus für $i = 1,\ldots, n$ die Kostensätze q_i pro Einheit des Einsatzfaktors i, läßt sich die *Kostenfunktion* in Abhängigkeit von der Ausbringungsmenge x bei Unterstellung eines effizienten Prozesses wie folgt ausdrücken:

$$K(x) = \sum_i q_i \cdot a_i \cdot x$$

$$\Rightarrow \quad K(x) = x \cdot \left(\sum_i q_i \cdot a_i\right)$$

$$\Rightarrow \quad K(x) = x \cdot \left(\sum_i q_i \cdot \left(\sum_{t \in TL} g_t \cdot a_i^t\right)\right).$$

Der letzten Formel ist zu entnehmen, wie sich die Fertigungskosten für eine vorgegebene Ausbringungsmenge aus Stückkosten herleiten lassen, die aus dem Faktorverbrauch für die pro Stück insgesamt benötigten Teile resultieren.

Aufgabe 4.2:

In Abschnitt 4.2 wurde ein Tischlereibetrieb untersucht, der Hocker produziert. Das zugehörige Produktionssystem wird in der Abbildung 4.9 dargestellt. Der Tischlereimeister plant, als Variante des Hockers einen Stuhl in das Produktionsprogramm aufzunehmen. Dazu soll einfach eine Lehne an den Hocker gebaut werden. Die Lehne des Stuhls besteht aus einer oberen Querstrebe (0,5 [m]) und fünf aufrechten Streben (0,4 [m]). Die Streben werden aus einem Kantholz geschnitten, das die Maße 2,5 · 0,02 · 0,04 [m] hat. Die Querstrebe wird auf der Schleifmaschine in zwei Minuten geglättet und dann auf der Bohrmaschine in einer Minute mit fünf Löchern versehen. Die aufrechten Streben werden auf der Drehbank 1 in jeweils 1,5 Minuten in eine abgerundete Form gebracht; auf Drehbank 2 wird an jede Seite der Streben ein Zapfen gedreht. Pro Zapfen wird eine halbe Minute eingeplant. Der Sitz und die Beine des Stuhls entsprechen den Teilen des Hockers. Der Sitz muß auf der Bohrmaschine mit 5 zusätzlichen Löchern zur Aufnahme der Streben versehen werden.

a) Fertigen Sie eine Konstruktionszeichnung für den Stuhl, und erstellen Sie eine zugehörige Stückliste.

b) Entwickeln Sie analog zum vorgegebenen Produktionssystem des Hockers eines für den Stuhl. Welche Änderungen ergeben sich für die Zeit- und Mengendaten der Einsatzfaktoren?

c) Erstellen Sie einen Arbeitsplan für eine aufrechte Strebe und einen für den Sitz.

d) Ermitteln Sie mit Hilfe von Arbeitsplan und Stückliste über die Direktbedarfsmatrix durch Matrixinversion die Gesamtbedarfsmatrix, die die pro Stuhl benötigten Einsatzfaktormengen angibt.

4.5 Die Leontief-Produktionsfunktion bei mehrstufiger Mehrprodukt-Fertigung

Bei der industriellen Fertigung werden in der Regel mehrere Produkte in ein und demselben Fertigungssystem hergestellt. Das Fertigungssystem ist in der Mehrzahl der Fälle in unterschiedliche Produktionsstufen gegliedert. Die dabei vorherrschenden Zusammenhänge lassen sich am einfachsten an einem Beispiel verdeutlichen. In der Tischlerei aus dem Abschnitt 4.2 sollen neben vierbeinigen Hockern noch dreibeinige Hocker hergestellt werden.

Abbildung 4.16 gibt den Gozintographen für die beiden Endprodukte wieder. Dazu ist lediglich der schon bekannte Gozintograph um ein weiteres Endprodukt zu ergänzen, und die entsprechenden Direktbedarfe sind einzutragen. Damit läßt sich die gleiche Analyse wie für den Einproduktfall durchführen.

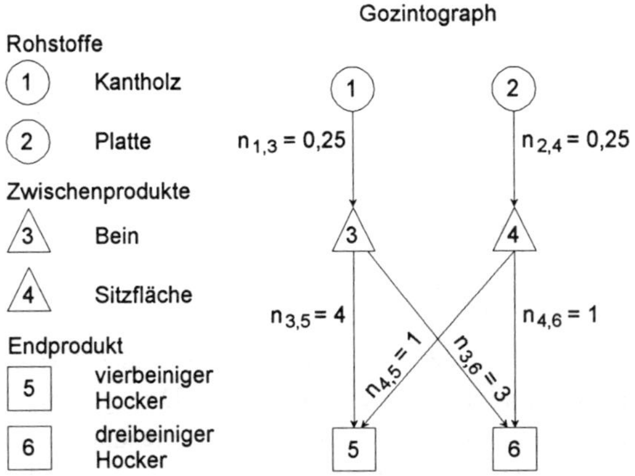

Abbildung 4.16: Gozintograph für zwei Endprodukte

Nachfolgend sind die entsprechende Direktbedarfsmatrix N, die Koeffizientenmatrix (E−N) und die Gesamtbedarfsmatrix $(E-N)^{-1}$ angegeben:

$$N = \begin{bmatrix} 0 & 0 & 0{,}25 & 0 & 0 & 0 \\ 0 & 0 & 0 & 0{,}25 & 0 & 0 \\ 0 & 0 & 0 & 0 & 4 & 3 \\ 0 & 0 & 0 & 0 & 1 & 1 \\ 0 & 0 & 0 & 0 & 0 & 0 \\ 0 & 0 & 0 & 0 & 0 & 0 \end{bmatrix}$$

$$(E-N) = \begin{bmatrix} 1 & 0 & -0{,}25 & 0 & 0 & 0 \\ 0 & 1 & 0 & -0{,}25 & 0 & 0 \\ 0 & 0 & 1 & 0 & -4 & -3 \\ 0 & 0 & 0 & 1 & -1 & -1 \\ 0 & 0 & 0 & 0 & 1 & 0 \\ 0 & 0 & 0 & 0 & 0 & 1 \end{bmatrix}$$

$$(E-N)^{-1} = \begin{bmatrix} 1 & 0 & 0{,}25 & 0 & 1 & 0{,}75 \\ 0 & 1 & 0 & 0{,}25 & 0{,}25 & 0{,}25 \\ 0 & 0 & 1 & 0 & 4 & 3 \\ 0 & 0 & 0 & 1 & 1 & 1 \\ 0 & 0 & 0 & 0 & 1 & 0 \\ 0 & 0 & 0 & 0 & 0 & 1 \end{bmatrix}$$

Den letzten beiden Spalten der Matrix $(E - N)^{-1}$ sind die Gesamtbedarfe an Teilen für die beiden Endprodukte zu entnehmen. Dies geschieht durch Multiplikation der Matrix mit einem Einheitsvektor e_5 beziehungsweise e_6. Über den Teilebedarf pro Produkteinheit läßt sich, wie im Einproduktfall, der Bedarf an Einsatzfaktormengen ermitteln. Im folgenden wird der Zusammenhang allgemein dargestellt.

In dem betrachteten Fertigungssystem werden die Endprodukte $j = 1,\ldots, m$ hergestellt. Der Faktorverbrauch a_{ij} des Faktors i für das Endprodukt j läßt sich dann auf der Grundlage des Gesamtbedarfs g_t^j an Teilen t für das Endprodukt j sowie der Produktionskoeffizienten a_i^t der Faktoren i in den Arbeitsplänen der Teile t bestimmen:

$$a_{ij} = \sum_{t \in TL} g_t^j \cdot a_i^t \quad \text{für } i = 1,\ldots, n \text{ und } j = 1,\ldots, m.$$

Die Größe a_{ij} stellt somit einen Produktionskoeffizienten dar, der in Faktoreinheiten des Faktors i den Verbrauch pro Ausbringungseinheit des Endproduktes j angibt. Jetzt läßt sich formulieren, welche Ausbringungsmengen $x_1,\ldots, x_m$ bei vorgegebenen Faktoreinsatzmengen herstellbar sind.

Alle Kombinationen von Ausbringungsmengen sind möglich, für die

$$\sum_{j=1}^{m} a_{ij} \cdot x_j \le r_i \quad \text{für } i = 1,\ldots, n$$

gilt. Die Ausbringungsmengenkombinationen müssen also ein Ungleichungssystem erfüllen, das sicherstellt, daß von keinem Einsatzfaktor mehr verbraucht wird, als vorhanden ist. Da die Einsatzfaktoren für die unterschiedlichen Produkte genutzt werden können, ist die Festlegung in der Regel nicht eindeutig.

Mit zwölf Hockerbeinen lassen sich zum Beispiel vier dreibeinige oder drei vierbeinige Hocker herstellen. Damit ist klar, daß die vorliegende Produktionsfunktion keine *Funktion*, sondern eine *Relation* im mathematischen Sinne ist, da keine eindeutige Zuordnung zwischen Faktoreinsatzmengen und Ausbringungsmengen vorliegt.

Für vorgegebene Ausbringungsmengen $x_1,\ldots, x_m$ ergeben sich bei Unterstellung effizienter Prozesse dann Kosten in Höhe von

$$K(x_1,\ldots,x_m) = \sum_{i=1}^{n} q_i \left(\sum_{j=1}^{m} a_{ij} \cdot x_j \right)$$

$$\Rightarrow \quad K(x_1,\ldots,x_m) = \sum_{i=1}^{n} q_i \left(\sum_{j=1}^{m} \left(\sum_{t \in TL} g_t^j \cdot a_i^t \right) \cdot x_j \right).$$

Damit ist dargestellt, wie man bei linearen Zusammenhängen auf systematischem Wege über den Teilebedarf der Produkte und den Faktorverbrauch pro Teil zu realitätsrelevanten Produktions- und Kostenfunktionen kommen kann. Diese bilden in der Praxis die Grundlage für Überlegungen im Rahmen von EDV-gestützten Produktionsplanungssystemen. Wie schon das einfache Tischlereibeispiel zeigt, sind Konkretisierungen auch in diesen Fällen nicht trivial. Trotzdem sind derartige Überlegungen in der Literatur kaum zu finden. Die Literatur beschäftigt sich häufiger mit Modellen, die zwar praktisch weniger relevant, dafür aber für mathematische Überlegungen ergiebiger sind.

Aufgabe 4.3:

Das Produktionsprogramm eines Tischlereibetriebes besteht aus verschiedenen Sitzmöbeln. Es werden Stühle, dreibeinige und vierbeinige Hocker hergestellt. Die Stücklisten und Arbeitspläne der Möbel entsprechen den getroffenen Annahmen. Verwenden Sie im folgenden für die Teilearten eine einheitliche Notation: r_1 Kantholz 1, r_2 Platte, r_3 Kantholz 2, ZP_1 Bein, ZP_2 Sitzfläche, ZP_3 Querstrebe, ZP_4 Strebe, EP_1 dreibeiniger Hocker, EP_2 vierbeiniger Hocker und EP_3 Stuhl.

a) Was versteht man unter einem Gozintographen? Entwickeln Sie einen Gozintographen, der die oben beschriebene mehrstufige Mehrproduktfertigung abbildet.

b) Geben Sie die zugehörige Direktbedarfsmatrix N an, und ermitteln Sie durch Matrixinversion die Gesamtbedarfsmatrix $(E - N)^{-1}$.

c) Wie hoch ist der Gesamtbedarf an Rohstoffen und Zwischenprodukten, wenn in der Tischlerei 24 Stühle, 40 dreibeinige Hocker und 24 vierbeinige Hocker produziert werden sollen?

d) Der Faktorverbrauch a_{ij} des Faktors i für das Endprodukt j berechne sich nach folgender Formel:

$$a_{ij} = \sum_{t \in TL} g_t^j \cdot a_i^t .$$

Wie berechnet sich der Faktorverbrauch des Faktors Kantholz 2 für das Endprodukt Stuhl?

e) Gegeben sind die Preise q_i pro ME der Einsatzfaktoren r_i.

q_1 = 8,- [DM/ME], q_2 = 20,- [DM/ME], q3 = 10,- [DM/ME].

Welche Kosten ergeben sich für den Produktionsplan aus Aufgabenteil c)? Erklären Sie die Bestandteile der folgenden Kostenfunktion:

$$K(x_1,\ldots,x_m) = \sum_i q_i \sum_j \left(\sum_{t \in TL} g_t^j \cdot a_i^t \right) \cdot x_j$$

Literaturhinweise und Leseliste zum 4. Kapitel:

Einführende Literatur :

Berr, U., Materialbedarfsplanung mit Stücklistenauflösung, in: Handwörterbuch der Produktionswirtschaft, hrsg. von Kern, W., Stuttgart, 1979, Sp. 1193-1201.

Bloech, J., Lücke, W., Produktionswirtschaft, Stuttgart, New York, 1982, S. 81 ff. (*)

Fandel, G., Produktion I. Produktions- und Kostentheorie, 4. Auflage, Berlin, Heidelberg 1994, S. 90 ff. und S. 272 ff. (*)

Weiterführende Literatur :

Leontief, W., Studies in the Structure of the American Economy, New York 1953.

Müller-Merbach, H., Die Inversion von Gozinto-Matrizen mit einem graphenorientierten Verfahren, in: Elektronische Datenverarbeitung, Heft 7 1969, S. 310-314.

Vaszonyi, A., Die Planungsrechnung in Wirtschaft und Industrie, Wien, München 1962.

(*) Pflichtlektüre

5. Der Übergang von der Produktions- und Kostentheorie zur Kostenrechnung bei linear-limitationalen Produktionsprozessen

5.1 Vorüberlegungen

Für zahlreiche betriebliche Dokumentations-, Planungs- und Kontrollaufgaben ist es erforderlich, die jeweils relevanten Kosteninformationen bereitzustellen. Zu denken ist hier beispielsweise an die Ermittlung des monatlichen kalkulatorischen Gewinns, die Planung des deckungsbeitragsmaximalen kurzfristigen Produktionsprogramms oder die Kontrolle der Wirtschaftlichkeit eines bestimmten Arbeitsplatzes. Es muß daher gezeigt werden, aufgrund welcher Überlegungen die Ergebnisse der produktions- und kostentheoretischen Analyse — Mengen- und Wertgerüst der Produktion — für bestimmte kostenrechnerische Aufgaben genutzt werden können. Dies kann im folgenden nur exemplarisch geschehen. Vorgestellt werden sollen die Überlegungen zur Ermittlung der *totalen*, der *variablen* und der *fixen Kosten* der Produktion für die gefertigten Erzeugnisse, die als zentrale Kostengrößen für eine Vielzahl von betrieblichen Aufgaben angesehen werden müssen.

Die Beschränkung dieser drei Kategorien von Kostengrößen auf den Bereich der Produktion soll ausdrücklich darauf hinweisen, daß nicht sämtliche in einem Betrieb anfallenden Kosten erfaßt werden. So bleiben alle Kostenarten unberücksichtigt, die durch die ausführenden und dispositiven Tätigkeiten in anderen betrieblichen Funktionsbereichen (z. B. im Beschaffungs-, Absatz- und Verwaltungsbereich) sowie durch die dispositiven Tätigkeiten im Produktionsbereich entstehen. Bevor jedoch die Ermittlung der totalen bzw. variablen und fixen Kosten der Produktion für die gefertigten Erzeugnisse geschildert wird, soll in knapper Form auf die Festlegung der bislang als bekannt vorausgesetzten Faktorpreise eingegangen werden.

5.2 Ermittlung der Preise für die Faktoreinsatzmengen

Durch die Multiplikation der Faktoreinsatzmengen mit den Faktorpreisen und die anschließende Summation dieser Produkte erhält man bekanntlich die Kosten des Faktoreinsatzes:

$$K(r_1, \ldots, r_n) = r_1 \cdot q_1 + \ldots + r_n \cdot q_n.$$

Während die Faktoreinsatzmengen durch die jeweils geltende Produktionsfunktion bestimmt werden, sind die *Faktorpreise* erst noch zu ermitteln. Auf welche Art und Weise, so lautet die Fragestellung daher, können die Preise für den Repetierfaktoreinsatz an Roh-, Hilfs- und Betriebsstoffen einerseits sowie für den Potentialfaktoreinsatz an menschlicher und maschineller Arbeit andererseits festgelegt werden?

Für die Repetierfaktoren lassen sich die Preise aus den getätigten oder noch zu tätigenden Auszahlungen für die Beschaffung dieser Faktoren ableiten. Bewertet wird *pagatorisch*, indem für den Quadratmeter Holz, den Liter Leim bzw. die Kilowattstunde der jeweils zu zahlende Preis angesetzt wird.

Bei dem Potentialfaktor menschliche Arbeit ist analog vorzugehen. Als Faktorpreis ist das zu zahlende Entgeld einschließlich der Personalnebenkosten pro Arbeitsstunde heranzuziehen. Im Falle einer rein leistungsorientierten Entlohnung errechnet sich der Stundensatz aus der erbrachten Leistung pro Stunde, multipliziert mit der Vergütung pro Leistungseinheit. Dagegen muß man im Falle einer kalenderzeitorientierten Entlohnung die monatliche Vergütung inkl. Personalnebenkosten durch die durchschnittlich pro Monat zu erbringende Arbeitsstundenzahl dividieren, um zu dem Faktorpreis pro Arbeitsstunde zu gelangen.

Zur Bestimmung des Faktorpreises pro Maschinenstunde für den Potentialfaktor maschinelle Arbeit ist die zuletzt angestellte Überlegung entsprechend anzuwenden. Beträgt die Anschaffungsauszahlung für eine Maschine A [DM], die Nutzungsdauer T [Jahre] und der Kalkulationszinsfluß pro Jahr z [%], dann betragen die durchschnittlich pro Jahr angefallenen Kosten der Maschine:

$$\text{Kosten der Maschine pro Jahr} = A / T + (A / 2) \cdot z\ ,$$

wenn auf eine lineare Abschreibung sowie eine durchschnittliche Kapitalbindung unter Vernachlässigung eines Liquidationswertes für die Maschine am Ende der Nutzungsdauer abgestellt wird. Eine Division dieser durchschnittlichen Kosten pro Jahr durch die jährlich zur Verfügung stehende Maschinenstundenzahl führt schließlich zu dem aus einer pagatorischen und einer wertmäßigen Komponente bestehenden Faktorpreis pro Maschinenstunde.

5.3 Ermittlung der totalen Kosten der Produktion für die Erzeugnisse

Im Falle einer Mehrproduktfertigung bei linear-limitationalen sowie effizienten Produktionsverhältnissen mit Faktoreinsatzmengen und Faktorpreisen von

$r_{ij} = a_{ij} \cdot x_j$ und q_i für $i = 1,\ldots, n$ und $j = 1,\ldots, m$

betragen die *totalen Kosten* k [DM/ME] pro Einheit der Erzeugnisart j:

$$k_j = \sum_{i=1}^{n} a_{ij} \cdot q_i \qquad \text{für } j = 1,\ldots, m.$$

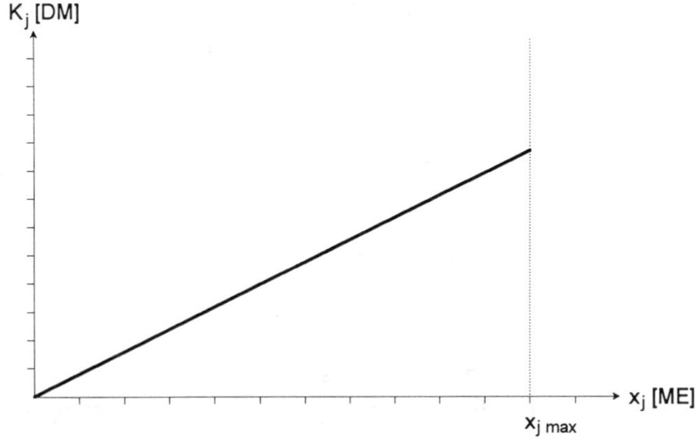

Abbildung 5.1: Totale Kosten der Produktion für eine Erzeugnisart j in Abhängigkeit von deren Ausbringungsmenge.

Die gesamten Stückkosten k sind unabhängig von der Ausbringungsmenge x stets gleich hoch. Die totalen Kosten K [DM] der Erzeugnisart j in Abhängigkeit von deren Ausbringungsmenge betragen dann:

$$K_j(x_j) = k_j \cdot x_j = \left(\sum_{i=1}^{n} a_{ij} \cdot q_i \right) \cdot x_j \qquad \text{für } j = 1,\ldots, m.$$

Sie verhalten sich proportional zur Ausbringungsmenge. Der zugehörige Graph ist in der Abbildung 5.1 zu sehen.

5.4 Ermittlung der variablen und fixen Kosten der Produktion für die Erzeugnisse

Die für die Produktion von Erzeugnissen anfallenden Kosten verhalten sich in Abhängigkeit von den Ausbringungsmengen dieser Erzeugnisse unterschiedlich und lassen sich in die beiden folgenden Kostenkategorien zerlegen:

- die *fixen Kosten:* sie umfassen diejenigen Kostenarten, deren Höhe unabhängig von den Ausbringungsmengen der Erzeugnisse ist;
- die *variablen Kosten*: sie enthalten diejenigen Kostenarten, deren Höhe abhängig von den Ausbringungsmengen der Erzeugnisse ist.

Die gesamten Kosten der Produktion K $(x_1,..., x_m)$ für die Ausbringungsmengen $(x_1,..., x_m)$ der m Erzeugnisse der Art j setzen sich daher aus den fixen Kosten K_f und den variablen Kosten K_v $(x_1,..., x_m)$ zusammen. Letztere lassen sich bei unverbundener Produktion als Summe von m variablen Kostenbeträgen K_{vj} (x_j) je Erzeugnisart j darstellen:

$$K(x_1,\dots,x_m) = K_f + \sum_{j=1}^{m} K_{vj}(x_j).$$

Im Falle linear-limitationaler sowie effizienter Produktionsverhältnisse lassen sich die variablen Kosten einer Erzeugnisart j als Produkt der Ausbringungsmenge x_j und einem von dieser Ausbringungsmenge unabhängigen variablen Stückkostenbetrag k_{vj} erfassen, so daß nunmehr gilt:

$$K(x_1,\dots,x_m) = K_f + \sum_{j=1}^{m} k_{vj} \cdot x_j.$$

Im folgenden soll erläutert werden, aufgrund welcher Überlegungen man zu den fixen Kosten sowie den variablen Stückkosten der Produktion gelangt.

Die *variablen Stückkosten* k_{vj} [DM/ME] eines Endproduktes j errechnen sich, indem man die Faktorverbräuche a_{ij} [FE/ME] der Faktorarten i, $i \in FV_j$, pro Ausbringungseinheit des Endproduktes j mit den Faktorpreisen q_i [DM/FE] multipliziert und die Produkte summiert:

$$k_{vj} = \sum_{i \in FV_j} a_{ij} \cdot q_i \qquad \text{für } j = 1, \dots, m$$

Dabei dürfen nur solche Faktorarten berücksichtigt werden, die zur Menge FV_j der variablen Faktorarten in bezug auf das Endprodukt j zählen.

Ein Produktionsfaktor i zählt zu der Menge der *variablen Faktorarten* FV_j, wenn seine Verbrauchsmenge in einer bestimmten Periode von der Höhe der Ausbringungsmenge des Endproduktes j in dieser Periode abhängt.

Typische variable Faktorarten sind in erster Linie die Roh-, Hilfs- und Betriebsstoffe. Stehen von ihnen die Mengen r_i in der betrachteten Periode zur Verfügung oder können diese Mengen für die Periode beschafft werden, lassen sich ihre Verbrauchsmengen dieser Periode mit Hilfe des bekannten Terms

$$\sum_{j=1}^{m} a_{ij} \cdot x_j$$

berechnen.

Dabei muß die in der Periode nicht verbrauchte Faktormenge s_i,

$$s_i = r_i - \sum_{j=1}^{m} a_{ij} \cdot x_j \geq 0,$$

in der Zukunft noch produktiv genutzt werden können. Diese variablen Faktorarten werden daher auch als *zeitelastische Produktionsfaktoren* bezeichnet.

Ein Produktionsfaktor i zählt dagegen zu der Menge der *fixen Faktorarten* FF in bezug auf alle Endprodukte j, $i \in FF$, wenn seine Verbrauchsmenge in einer bestimmten Periode unabhängig von der Höhe der Ausbringungsmengen sämtlicher Endprodukte in dieser Periode ist. Werden die in dieser Periode verfügbaren Bestände r_i der fixen Faktorarten mit ihren Faktorpreisen q_i bewertet und zusammengefaßt, erhält man die fixen Kosten K_f dieser Periode:

$$K_f = \sum_{i \in FF} r_i \cdot q_i.$$

Zu den typischen fixen Faktorarten zählen die menschliche Arbeitszeit, soweit eine kalenderzeitabhängige Entlohnung gewährt wird (Zeitlohn), sowie die Maschinenzeit. Stehen von diesen Faktoren zu Beginn einer bestimmten Periode r_i Zeiteinheiten zur Verfügung, so hängt deren Verbrauch ausschließlich vom Ablauf der Kalenderzeit ab, d.h. am Ende der betrachteten Periode sind alle Zeiteinheiten der Faktoren aufgebraucht. Die verfügbare Menge ist daher stets gleich der verbrauchten Menge. Die Ausbringungsmengen der Endprodukte in der Periode legen für diese fixen Faktorarten lediglich fest, in welchem Umfang deren verfügbare Zeiteinheiten produktiv genutzt werden. In der Periode nicht genutzte Zeiteinheiten sind unwiederbringlich und können folglich in der Zukunft nicht mehr für produktive Zwecke eingesetzt werden. Daher nennt man diese fixen Faktorarten auch *zeitunelastische Produktionsfaktoren*.

Eine Besonderheit gilt für diejenigen zeitunelastischen Produktionsfaktoren, bei denen für eine bestimmte Periode kein verfügbarer Bestand vorgehalten werden muß, deren Mengen vielmehr noch beschafft werden können, wobei dann die beschafften Mengen exakt den zu verbrauchenden Mengen entsprechen. Typische Beispiele für diese besondere Gruppe zeitunelastischer Produktionsfaktoren sind leicht verderbliche Rohstoffe und die menschliche Arbeitszeit, soweit deren Entlohnung ausschließlich von der Höhe der hervorgebrachten Leistung abhängt (Akkordlohn). Während man nämlich im ersten Fall nur soviel vom Rohstoff beschafft, wie in der Periode auch verbraucht wird, nimmt man von der leistungslohnabhängigen Arbeitszeit nur diejenigen Stunden in Anspruch, die der hervorgebrachten Leistung entsprechen. Diese noch zu beschaffenden zeitunelastischen Produktionsfaktoren hängen folglich mit ihren Verbrauchsmengen ausschließlich von den zu produzierenden Ausbringungsmengen der Endprodukte ab, so daß man sie kostenrechnerisch zu den variablen Faktorarten zählen muß. Es läßt sich jedoch zeigen, daß man im Rahmen von Planungsrechnungen diese Faktoren ebenso den fixen Faktorarten zuschlagen kann. Die folgende Tabelle zeigt noch einmal den Zusammenhang zwischen den zeitelastischen/zeitunelastischen Produktionsfaktoren und den variablen/fixen Faktorarten auf.

	Verbrauchsmenge ≤ verfügbarer Bestand	Verbrauchsmenge = Beschaffungsmenge
Zeitelastischer Produktionsfaktor	variable Faktorart	variable Faktorart
Zeitunelastischer Produktionsfaktor	fixe Faktorart	variable (fixe) Faktorart

Abbildung 5.2: Der Zusammenhang zwischen zeitelastischen/zeitunelastischen Produktionsfaktoren und den variablen/fixen Faktorarten

Für den Ein-Produkt-Fall lautet die Gesamtkostenfunktion bei linear-limitationalen und effizienten Produktionsverhältnissen:

$K(x) = K_f + k_v \cdot x.$

Der zugehöriger Graph ist in der Abbildung 5.3 dargestellt.

Ein Vergleich der Abbildungen 5.1 und 5.3 läßt im Falle der Ein-Produkt-Fertigung folgendes erkennen. Unter der Voraussetzung, daß bei der maximalen Ausbringungsmenge die verfügbaren Bestände der zeitunelastischen Produktionsfaktoren gerade für die Produktion verwendet werden müssen, stimmen die totalen Kosten und die Summe aus variablen und fixen Kosten bei der maximalen Ausbringungsmenge überein. Für alle übrigen Ausbringungsmengen dagegen sind die jeweiligen totalen Kosten stets geringer als die entsprechende Summe aus fixen und variablen Kosten. Die Kostendifferenz entspricht dabei dem bewerteten, nicht durch Produktion hervorgerufenen Verbrauch an zeitunelastischen Produktionsfaktoren und ist mithin Ausdruck für das Ausmaß an Unterbeschäftigung dieser Faktoren. Überlegungen dieser Art spielen in der *Plankostenrechnung* eine zentrale Rolle.

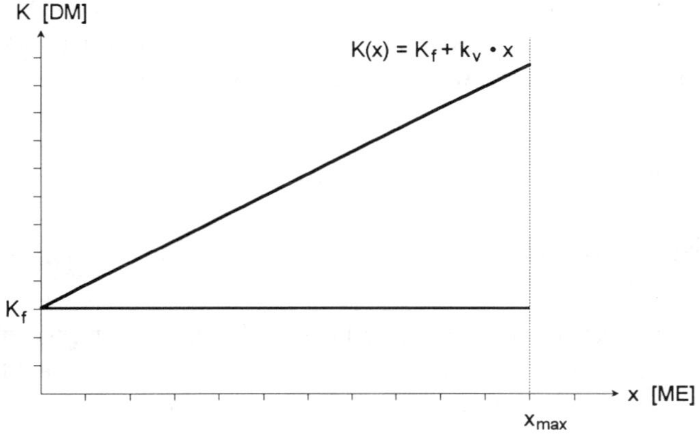

Abbildung 5.3: Variable und fixe Kosten der Produktion im Ein-Produkt-Fall in Abhängigkeit von der Ausbringungsmenge

Die hier beispielhaft erläuterte Ermittlung der totalen bzw. fixen und variablen Kosten für die Produktion verschiedener Fertigerzeugnisse läßt sich in analoger Weise auch für die Kalkulation der jeweiligen Kosten für die benötigten Zwischenerzeugnisse oder die einzelnen Arbeitsgänge durchführen.

5.5 Die Analyse der Kostenfunktion für eine linear-limitationale und effiziente Ein-Produkt-Fertigung

Bei linear-limitationaler und effizienter Ein-Produkt-Fertigung lautet die Kostenfunktion bekanntermaßen:

$$K(x) = K_f + K_v(x) = K_f + k_v \cdot x \qquad \text{für } 0 \leq x \leq x_{max} .$$

Aus dieser Gesamtkostenfunktion bzw. deren Elementen lassen sich nun die folgenden stückbezogenen Kostenfunktionen herleiten.

1. Die Funktion der *Fixkosten pro Stück* $k_f(x)$ [DM/ME]:

$$k_f(x) = \frac{K_f}{x}.$$

Die Fixkosten pro Stück bei einer bestimmten Ausbringungsmenge bestimmt man durch die gleichmäßige Verteilung der Fixkosten auf alle Mengeneinheiten dieser Ausbringungsmenge. Sie sinken mit wachsender Ausbringungsmenge. Man spricht hier auch vom *Degressionseffekt* der Fixkosten.

2. Die Funktion der *variablen Stückkosten* $k_v(x)$ [DM/ME]:

$$k_v(x) = \frac{K_v(x)}{x} = k_v.$$

Die variablen Stückkosten bei einer bestimmten Ausbringungsmenge erhält man durch die gleichmäßige Verteilung der variablen Kosten für diese Menge auf sämtliche in ihr enthaltenen Mengeneinheiten. Im vorliegenden Falle sind sie unabhängig von der Ausbringungsmenge.

3. Die Funktion der *gesamten Stückkosten* $k(x)$ [DM/ME]:

$$k(x) = \frac{K(x)}{x} = \left(\frac{K_f}{x}\right) + k_v.$$

Die gesamten Stückkosten bei einer bestimmten Ausbringungsmenge erhält man, indem man die Gesamtkosten für diese Ausbringungsmenge nach dem Prinzip der Durchschnittsbildung gleichmäßig auf die einzelnen Mengeneinheiten verteilt. Die totalen Kosten pro Stück setzen sich aus den Fixkosten pro Stück und den variablen Stückkosten zusammen und sinken im vorliegenden Falle mit wachsender Ausbringungsmenge.

4. Die Funktion der *Grenzkosten* K' (x) [DM/ME]:

$$K'(x) = \frac{dK(x)}{dx} = k_V \ .$$

Die Grenzkosten geben an, um welchen Betrag sich die gesamten Kosten verändern, wenn sich die Ausbringung um eine - streng genommen infinitesimal kleine - Mengeneinheit verändert. Sie entsprechen im vorliegenden Falle den variablen Stückkosten.

Die folgende Abbildung 5.4 zeigt die Verläufe der vier stückbezogenen Kostenfunktionen.

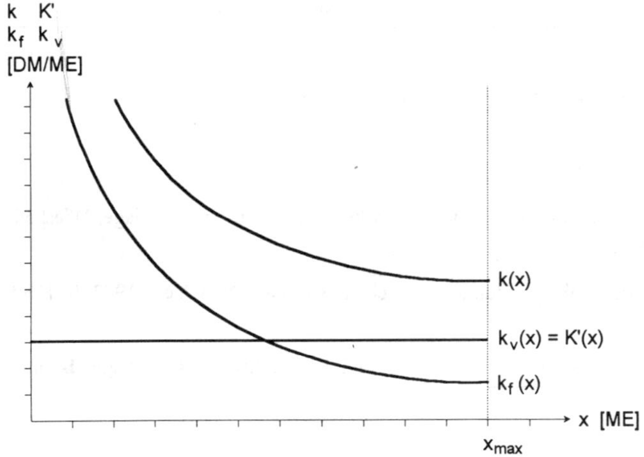

Abbildung 5.4: Verläufe der stückbezogenen Kostenfunktionen bei linear-limitationaler und effizienter Ein-Produkt-Fertigung

---

Aufgabe 5.1:

Für die Produktion eines Tisches mögen die folgenden Produktionskoeffizienten und Faktorpreise bestimmt worden sein.

Produktionsfaktor	Produktionskoeffizient [FE/ME]	Faktorpreis [FE/ME] [DM/FE]
Tischplatte	1	50,00
Tischbein	4	6,00
Leim [l]	0,05	10,00
Strom [KWh]	0,2	0,50
Arbeitszeit [Std.]	0,8	25,00
Maschinenzeit [Std.]	0,8	125,00

a) Bestimmen Sie die totalen Kosten der Produktion pro Woche in Abhängigkeit von den möglichen Ausbringungsmengen für den Tisch. Gehen Sie dabei von einer wöchentlichen Arbeits- und Maschinenzeit in Höhe von 40 Stunden aus. Die Entlohnung ist rein kalenderzeitabhängig.

b) Wie hoch sind die Fixkosten pro Woche sowie die variablen Kosten pro Tisch? Wie lautet die Funktion der Gesamtkosten pro Woche in Abhängigkeit von der Ausbringungsmenge an Tischen?

c) Stellen Sie die Funktionen der Gesamtkosten pro Woche, der fixen Kosten pro Stück, der variablen Kosten pro Stück, der gesamten Kosten pro Stück sowie der Grenzkosten in Abhängigkeit von der Ausbringungsmenge an Tischen graphisch dar.

Literaturhinweise und Leseliste zum 5. Kapitel:

Einführende Literatur :

Adam, D., Produktionsmanagement, 7. vollst. überarb. u. erw. Auflage, Wiesbaden 1993, S. 130 ff. (*)

Bloech, J., Lücke, W., Produktionswirtschaft, Stuttgart, New York 1982, S. 158 ff. u. 160 ff. (*)

Fandel, G., Produktion I. Produktions- und Kostentheorie, 4. Auflage, Berlin, Heidelberg 1994, S.258 ff..

Weiterführende Literratur :

Heinen, E., Betriebswirtschaftliche Kostenlehre, 6. Auflage, Wiesbaden 1983, S. 150 ff. u. S. 418 ff.

Adam, D., Entscheidungsorientierte Kostenbewertung, Wiesbaden 1970, S. 65 ff. u. S. 87 ff.

(*) Pflichtlektüre

6. Weitere Produktions- und Kostenfunktionen

6.1 Ertragsgesetzliche Produktions- und Kostenfunktionen

Ertragsgesetzliche Zusammenhänge wurden erstmalig von dem französischen Verwaltungsbeamten Anne Robert Jacques Turgot formuliert, der von 1727 bis 1781 lebte. Turgot stellte fest, daß die Erntemenge einer mit einer gegebenen Menge Saatguts bestellten Bodenfläche bei wachsender Bearbeitungshäufigkeit zunächst überproportional, dann unterproportional ansteigt und schließlich sogar abnimmt. Die Erhöhung der Einsatzmenge des Faktors Arbeit bei Konstanz der übrigen Faktoren führt daher zuerst zu positiv wachsenden Ertragszuwächsen, dann positiv fallenden und schließlich sogar negativen Ertragszuwächsen. Abbildung 6.1 zeigt, wie der Ertrag x sich in Abhängigkeit von der Bearbeitungshäufigkeit r_1 darstellen läßt.

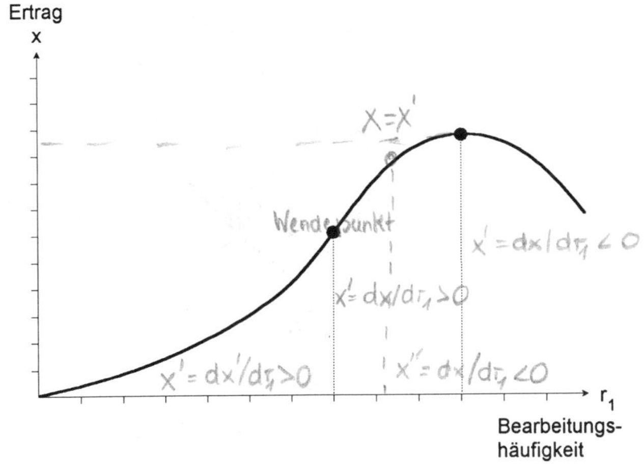

Abbildung 6.1: Ertragsgesetzlicher Verlauf einer Produktionsfunktion in Abhängigkeit von einem Einsatzfaktor

Bei ertragsgesetzlichen Produktionsfunktionen wird für alle Faktoren dieser Verlauf der Abhängigkeit der Ausbringungsmenge von der Einsatzmenge eines Faktors bei Konstanz der übrigen Faktoreinsatzmengen unterstellt. Diese Annahme hat zur Folge, daß alle Faktoren substitutional sind. Für diese Art von Produktionsfunktionen sind beliebig oft differenzierbare reellwertige Funktionen in mehreren Veränderlichen der geeignete Formalismus. Die Ausbringungsmenge x läßt sich als Funktion der Einsatzfaktormengen $r_1, \ldots, r_n$ darstellen, indem eine Abbildungsvorschrift gefunden wird, die den ertragsgesetzlichen Verlauf für jeden Faktor widerspiegelt:

$$x = f(r_1, \ldots, r_n).$$

Eine dreidimensionale Abbildung einer *ertragsgesetzlichen Produktionsfunktion* findet sich in Abbildung 6.2 .

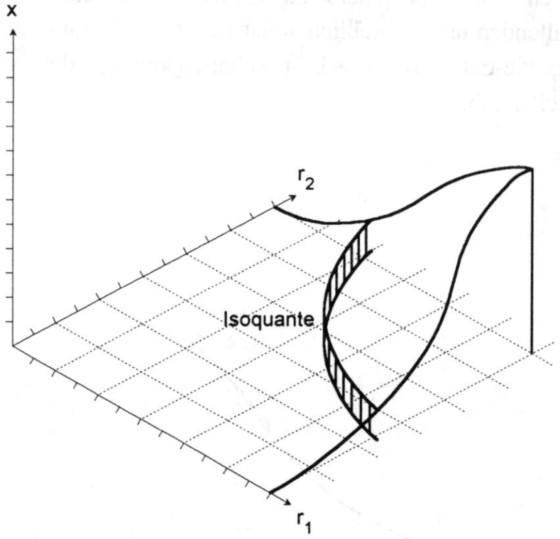

Abbildung 6.2: Ertragsgesetzlicher Verlauf einer Produktionsfunktion mit zwei Einsatzfaktoren

Formal existieren solche Funktionen, auf die dann das ganze Instrumentarium der Differentialrechnung angewandt werden kann. Es lassen sich mit Hilfe von Grenzwertbetrachtungen in eleganter Weise Fragen nach Veränderungsraten, nach Austauschverhältnissen zwischen den Faktoren und nach Faktoreinsatzmengenkombinationen gleicher Ausbringung beantworten. Solche Überlegungen bleiben aber formale Übungen ohne praktische Aussagekraft, wenn es keine Anwendungssituationen gibt, auf welche die ertragsgesetzlichen Verläufe zutreffen.

Unter dem Gesichtspunkt des Realitätsbezugs ist die betriebswirtschaftliche Bedeutung von ertragsgesetzlichen Produktionsfunktionen trotz deren langer und von der neoklassischen Volkswirtschaftslehre geprägten Geschichte eher gering. Dies liegt vor allem an der Annahme, daß alle Faktoren substitutional sind. Auch muß bezweifelt werden, daß die Einsatzmengen von Faktoren immer konstant gehalten werden können, wenn die Einsatzmenge einer Faktorart variiert wird, um eine Ertragsänderung zu erreichen. So muß man z. B. annehmen, daß mit zunehmender Bearbeitungshäufigkeit die gegebene Bodenfläche intensiver genutzt wird und folglich kein konstanter Faktoreinsatz vorliegt. Bei mechanisch-technischen Produktionsvorgängen ist die Voraussetzung der Substitutionalität jedoch kaum, und wenn überhaupt, dann nur für eine Teilmenge der Faktoren gegeben. Am ehesten sind ertragsgesetzliche Produktionsverläufe bei biologischen Produktionsvorgängen zu erwarten. Auch bei den sog. Mischungsprozessen, z. B. der Herstellung eines bestimmten Futtermittels, treten ertragsgesetzliche Zusammenhänge auf. Allerdings muß man hier von einem linearen Zusammenhang zwischen Ertrag und Faktoreinsatz ausgehen. Dieser schmale Anwendungsbereich steht jedoch in keinem Verhältnis zu der breiten Diskussion, die das Ertragsgesetz als *Produktionsfunktion vom Typ A* in der Literatur erfahren hat.

Die zugehörige Kostenfunktion formuliert mit Hilfe von Kostensätzen q_i, $i = 1, \ldots, n$, lineare Zusammenhänge zwischen den Faktoreinsatzmengen und den Kosten:

$$K(r_1, \ldots, r_n) = q_1 \cdot r_1 + \ldots + q_n \cdot r_n.$$

Für den Zweifaktorfall sind Isokostenlinien daher wie bei der Leontief-Analyse Geraden in der (r_1, r_2)-Ebene.

Aufgabe 6.1:

a) Erläutern Sie die Grundidee der ertragsgesetzlichen Produktionsfunktion (Typ A), und stellen Sie die vier Phasen des Funktionsverlaufes graphisch dar. Welche Bedingungen gelten für den Übergang zwischen den Phasen?

b) Gegeben ist die folgende Produktionsfunktion vom Typ A: $x = -0{,}5\, r_1^3 + 2\, r_1^2 + 5\, r_1$. Ermitteln Sie die Funktionen des Grenzertrages, des Durchschnittsertrages und die Endpunkte der einzelnen Phasen des Vierphasenschemas.

c) Stellen Sie eine Wertetabelle auf, und skizzieren Sie den Verlauf der Gesamtertragskurve, der Durchschnittsertragskurve und der Grenzertragskurve.

Aufgabe 6.2:

a) Zeigen Sie allgemein, wie sich aus der Produktionsfunktion vom Typ A eine ertragsgesetzliche Kostenfunktion ableiten läßt. Entwickeln Sie analog zur Produktionsfunktion ein Vierphasenschema für eine ertragsgesetzliche Kostenfunktion. Welche Bedingungen gelten nun für die Phasenübergänge?

b) Welche Anwendungsvoraussetzungen gelten für das Ertragsgesetz? Sind diese Prämissen realitätsnah?

6.2 Gutenberg-Produktionsfunktionen und zugehörige Kostenfunktionen

6.2.1 Produktionstheoretische Analyse

Erich Gutenberg entwickelte im Band 1 seiner im Jahre 1951 erstmalig erschienenen "Grundlagen der Betriebswirtschaftslehre" einen Typ von Produktionsfunktion, der technische Entscheidungsgrößen explizit in die Analyse einbezieht und als *Produktionsfunktion vom Typ B* bezeichnet wird. Zunächst teilt er die Einsatzfaktoren in *Verbrauchsfaktoren* (Repetierfaktoren) und *Gebrauchsfaktoren* (Potentialfaktoren) ein. Gebrauchsfaktoren sind im wesentlichen Arbeitskräfte und Maschinen, Verbrauchsfaktoren zum Beispiel Materialien und Energie. Der Verzehr von Gebrauchsfaktoren ist schwierig zu messen. Der Einfachheit halber soll hier unterstellt werden, daß er durch die *Einsatzzeit* dieser Faktoren erfaßt werden kann. Der Verzehr von Verbrauchsfaktoren kann von der *Intensität* abhängen, mit der die Gebrauchsfaktoren in der Produktion eingesetzt werden. Das gilt zum Beispiel in der Regel für Energieverbräuche. Daher wird der Verzehr an Verbrauchsfaktoren in Abhängigkeit von der Intensität formuliert. Unter Intensität ist dabei zunächst eine *technisch-physikalische Leistung* d zu verstehen, die inhaltlich durch die Art der Maschine bestimmt ist. Sie wird als frei variierbar zwischen einer Untergrenze d_{min} und einer Obergrenze d_{max} angenommen. Bei einem Webstuhl läßt sich die Leistung zum Beispiel durch die Schußfadenzahl pro Minute messen, bei einer Drehbank durch die Zahl der Umdrehungen pro Minute, bei einer Presse durch die Anzahl von Werkzeugbewegungen pro Minute.

Die *Gutenberg-Produktionsfunktion* unterstellt, daß die pro Ausbringungseinheit notwendige Einsatzmenge von Verbrauchsfaktoren sich für jeden Verbrauchsfaktor eindeutig in Abhängigkeit von der Intensität angeben läßt. Ausgegangen wird von *technischen Verbrauchsfunktionen*, die Faktorverbräuche pro technische Leistungseinheit angeben. Es wird ferner vorausgesetzt, daß ein funktionaler Zusammenhang zwischen der technischen Leistung d und der ökonomischen Leistung l, gemessen in Ausbringungsmengen pro Zeiteinheit, besteht. Dann lassen sich technische Verbrauchsfunktionen dazu benutzen, bei gegebener Intensität die Einsatzmengen der Faktoren zu berechnen, die pro Ausbringungseinheit notwendig sind.

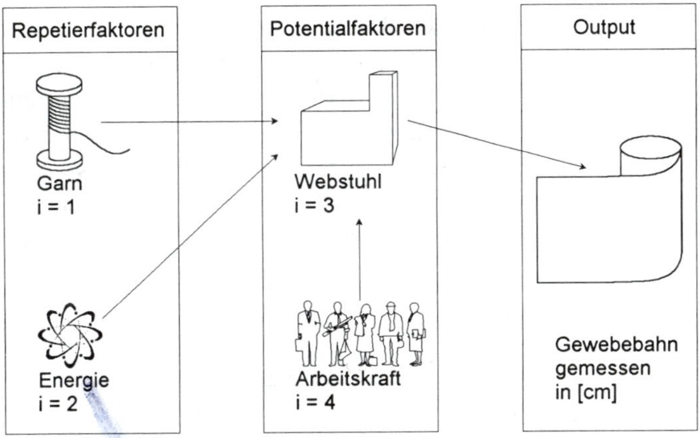

Abbildung 6.3: Ein aggregatbezogenes Produktionssystem

Der gesamte Zusammenhang soll am Beispiel einer Stoffweberei verdeutlicht werden. Abbildung 6.3 stellt zunächst das Produktionssystem dar, in dessen Mittelpunkt der Potentialfaktor (oder das Aggregat) "Webstuhl" steht.

Die Herleitung der Produktionsfunktion vom Typ B erfolgt in mehreren Stufen. Zunächst sind die *technischen Verbrauchsfunktionen* v_i (d) mit der Dimension [FE_i/TLE] festzulegen. Sie geben für jeden Einsatzfaktor i den Verbrauch in Faktoreinheiten [FE_i] pro technische Leistungseinheit [TLE] in Abhängigkeit von der technischen Leistung d mit der Dimension [TLE/ZE] an. Im Beispiel sind pro Schußfaden der Verbrauch an Garn, i = 1, der Verbrauch an Energie, i = 2, und die Verbräuche an Maschinen und Arbeitskraft, i = 3, 4, zu untersuchen. Die technische Leistung des Webstuhls wird dabei in Schußfadenzahl pro Minute [1/min] gemessen. Im Beispiel soll davon ausgegangen werden, daß eine Mindestintensität von d_{min} = 20 [1/min] und eine Höchstintensität von d_{max} = 90 [1/min] eingehalten werden muß.

Unterstellt man eine Gewebebreite von 50 cm und läßt sich vereinfachend annehmen, daß der Garnverbrauch pro Schuß v_1 nicht von der Schußfadenzahl pro Minute abhängt, ist mit einem gleichbleibenden Garnverbrauch von 50 cm pro Schuß zu rechnen. Dieser Sachverhalt ist in Abbildung 6.4 wiedergegeben. Materialverbräuche können in der Regel als unabhängig von der Intensität angenommen werden. Das gilt natürlich nicht mehr, wenn man Ausschußprobleme, im Beispiel etwa Fadenbruch, in die Analyse einbezieht.

Für den Energieverbrauch pro Schuß v_2 (d) wird ein U-förmiger Verlauf in Abhängigkeit von der Schußfadenzahl pro Minute unterstellt. Auch eine derartige Annahme entspricht dem Regelfall, da Maschinen meistens über eine hinsichtlich des Energieverbrauchs optimale Intensität verfügen, die zwischen der Mindest- und der Höchstintensität liegt. Mißt man den Arbeitskräfteeinsatz v4 und den Maschineneinsatz v3 pro Schuß durch die dafür benötigten Einsatzzeiten, verhalten sich die Verbräuche umgekehrt proportional zur technischen Leistung. Dieser Zusammenhang ist im rechten Teil der Abbildung 6.4 dargestellt.

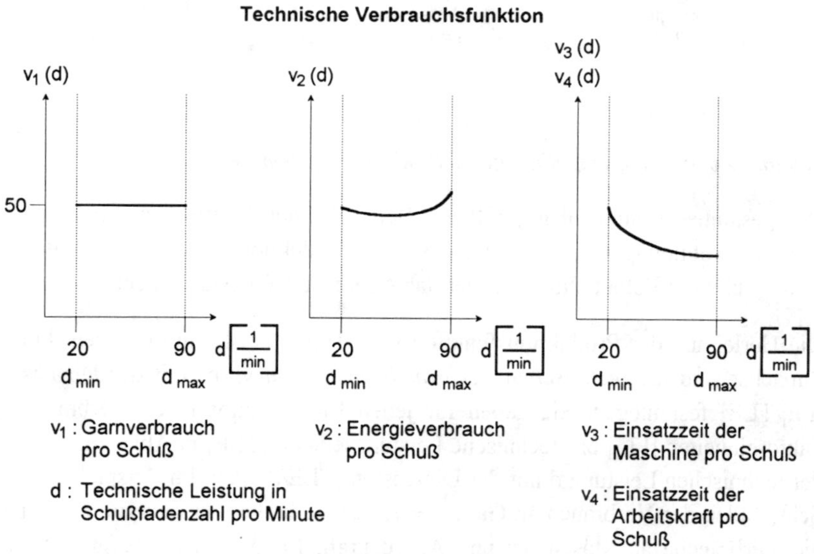

Abbildung 6.4: Faktorverbräuche pro Schuß in Abhängigkeit von der Schußfadenzahl pro Minute

Sind die technischen Verbrauchsfunktionen bekannt, werden im nächsten Schritt die *ökonomischen Verbrauchsfunktionen* a_i (l) mit der Dimension [FE_i/ME] ermittelt. Sie geben für jeden Einsatzfaktor i den Verbrauch pro Mengeneinheit der Ausbringung in Abhängigkeit von der ökonomischen Intensität l an.

Die ökonomische Intensität l wird dabei in [ME/ZE] gemessen. Die Ermittlung der ökonomischen Verbrauchsfunktionen erfolgt durch Transformation der technischen Verbrauchsfunktionen. Ist der Zusammenhang zwischen technischen und ökonomischen Sachverhalten linear, läßt sich die Transformation mit Hilfe eines einfachen Umrechnungsfaktors u mit der Dimension [TLE/ME] bewerkstelligen, der angibt, wieviel technische Leistungseinheiten [TLE] pro Mengeneinheit der Ausbringung [ME] benötigt werden. Zwischen technischer und ökonomischer Intensität besteht somit der Zusammenhang:

d [TLE/ZE] = l [ME/ZE] · u [TLE/ME].

Im Beispiel wird die Ausbringung in Zentimeter Gewebe gemessen. Der Umrechnungsfaktor muß also angeben, wieviel Schußfäden pro Zentimeter Gewebe [cm_G] nötig sind. Das hängt von dem Durchmesser des Schußfadens ab; hier wird u = 30 [1/cm_G] angenommen. Für jede technische Verbrauchsfunktion v_i (d) ergibt sich die zugehörige ökonomische Verbrauchsfunktion a_i (l) in zwei Teilschritten. Zunächst läßt sich der Verbrauch pro Mengeneinheit a^t_i in Abhängigkeit von der technischen Leistung d ermitteln, indem der Verbrauch pro technische Leistungseinheit mit dem Umrechnungsfaktor multipliziert wird. Es gilt somit für alle Einsatzfaktoren i:

a^t_i (d) [FE_i/ME] = u [TLE/ME] · v_i (d) [FE_i/TLE] mit $d_{min} \leq d \leq d_{max}$.

Damit ist zunächst der Ergebnisbereich der Funktion umskaliert worden. In einem zweiten Teilschritt wird der Argumentbereich von technischer Intensität d auf ökonomische Intensität l geändert. Das geschieht allgemein durch Ersetzung des Argumentes d durch den Wert u · l, wobei l sich zwischen den Werten $l_{min} = d_{min}/u$ und $l_{max} = d_{max}/u$ bewegen darf. Somit erhält man für jeden Einsatzfaktor i eine ökonomische Verbrauchsfunktion:

a_i (l) [FE_i/ME] = $a^t_i (u \cdot l) = u \cdot v_i (u \cdot l)$ mit $l_{min} \leq l \leq l_{max}$.

Im Beispiel kann sich die ökonomische Intensität zwischen 20/30 = 2/3 [cm_G/min] und 90/30 = 3 [cm_G/min] bewegen. Für den Garnverbrauch pro [cm] Gewebe a_1 (l) ergibt sich 50 [cm_F] · 30 [1/cm_G] = 1500 [cm_F/cm_G]. Das gilt unabhängig von der technischen und damit auch von der ökonomischen Intensität. Dabei gibt [cm_F] die Fadenlänge in Zentimetern an. Im linken Teil der Abbildung 6.5 ist die entsprechende ökonomische Verbrauchsfunktion dargestellt.

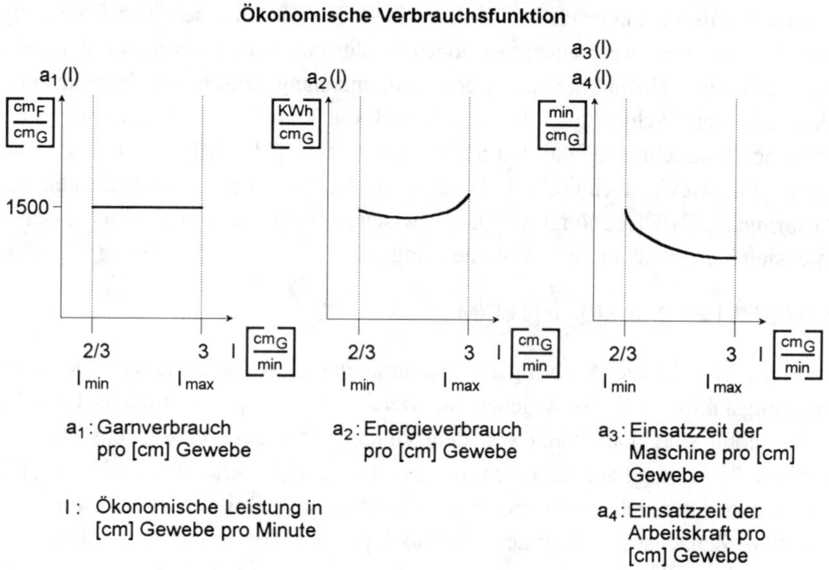

Abbildung 6.5: Faktorverbräuche pro Zentimeter Gewebe in Abhängigkeit von der Gewebelänge pro Minute

Der Energieverbrauch pro Mengeneinheit a_2 (l) verändert sich mit der technischen und damit auch mit der ökonomischen Intensität. Es gilt:

$a_2 (l) = 30 \cdot v_2 (30 \cdot l)$ mit $2/3 \leq l \leq 3$.

Damit ergibt sich der ebenfalls in der Abbildung 6.5 dargestellte Verlauf der ökonomischen Verbrauchsfunktion des Einsatzfaktors Energie.

Die Einsatzzeit für Arbeitskraft und Maschine pro Ausbringungseinheit ist umgekehrt proportional zur ökonomischen Intensität. Man erhält:

$a_3 (l) = 30 \cdot v_3 (30 \cdot l) = 30 \cdot 1/(30 \cdot l) = 1/l$.

Entsprechendes gilt für a_4 (l).

Eine Ausbringungsmenge von x [ME] läßt sich auf unterschiedliche Art und Weise herstellen, wenn man die technische Intensität d und damit auch die ökonomische Intensität l wählen kann. Über die Einsatzzeit t der betrachteten Maschine läßt sich die vorgegebene Menge errechnen. Es gilt:

$x (d, t) [ME] = l (d) [ME/ZE] \cdot t [ZE].$

Der Gesamtverbrauch für jeden Faktor i ergibt sich damit als Produkt aus Faktorverbrauch pro Mengeneinheit und ausgebrachter Menge. Somit erhält man für jeden Faktor i aus dem Verbrauch pro Mengeneinheit a_i in Abhängigkeit von der ökonomischen Intensität eine *Gesamtverbrauchsfunktion* r_i, die letztlich von der technischen Intensität und der Einsatzzeit abhängt.

Es gilt für jeden Einsatzfaktor i:

$r_i (l (d), t) = a_i (l (d)) \cdot x = a_i (l (d)) \cdot l (d) \cdot t.$

Geht man davon aus, daß die Einsatzfaktoren i = 1,..., n in den Mengen $r_1,\ldots, r_n$ zur Verfügung stehen, läßt sich nun die Abhängigkeit der möglichen Ausbringungsmenge von den verfügbaren Einsatzmengen in Form einer Produktionsfunktion

$x = f (r_1 (l (d), t), \ldots, r_n (l (d), t))$

darstellen. Die Gutenberg-Produktionsfunktion läßt sich dann wie folgt formulieren:

$x = \max_{d_{min} \leq d \leq d_{max}} \{ l (d) \cdot t \mid a_i (l (d)) \cdot l (d) \cdot t \leq r_i, i = 1, \ldots, n \}.$

Das bedeutet, daß vorgegebenen Faktoreinsatzmengen $r_1, \ldots, r_n$ die größtmögliche Ausbringungsmenge $x = l (d) \cdot t$ zugeordnet wird, die man erhält, wenn man berücksichtigt, daß die zugehörigen Mengenverbräuche der Einsatzfaktoren die zur Verfügung stehenden Faktoreinsatzmengen nicht überschreiten dürfen. Die technische Leistung d und die Einsatzzeit t sind letztlich so zu wählen, daß die vorgegebenen Faktoreinsatzmengen bei sachgerechter Berücksichtigung der Faktorverbräuche eine möglichst große Ausbringungsmenge ergeben.

Die betriebswirtschaftliche Bedeutung der Gutenberg-Produktionsfunktion resultiert zunächst aus ihrer grundsätzlichen Orientierung an den tatsächlichen Gegebenheiten der industriellen Produktion. Die von ihr erfaßten Einsatzfaktoren werden als limitational angesehen. Durch die aggregatbezogene Betrachtungsweise und die Einbeziehung von Leistung und Beschäftigungszeit als weitere Bestimmungsgrößen für den Faktorverzehr bietet sie eine realitätsnahe Analyse. Besondere Bedeutung kommt ihr in der Produktionstheorie zu, weil sie Grundlage für Weiterentwicklungen ist, die eine Einbeziehung zusätzlicher organisatorischer und technischer Einflußgrößen für den Faktorverbrauch betreffen. Solche Einflußgrößen sind zum Beispiel die Auftragsgröße und die Auftragsreihenfolge sowie zeitliche Aspekte der Produktion. Arbeiten hierüber haben zu einer weiteren theoretischen Durchdringung der Zusammenhänge in der Produktion geführt. Allerdings ist festzustellen, daß diese Verfeinerungen bislang die Verwendung von Produktionsfunktionen für die Lösung von Problemen im Produktionsbereich nicht erhöht haben. Dies hängt auch mit der schwierigen Handhabbarkeit der Ansätze zusammen.

6.2.2 Kostentheoretische Analyse

Kostenüberlegungen beginnen bei Gutenberg mit der *Mengen-Kosten-Leistungsfunktion* k(l). Diese gibt die Kosten pro Mengeneinheit der Ausbringung in Abhängigkeit von der ökonomischen Intensität l an. Sind Kostensätze q_i [GE/FE] für die Einsatzfaktoren gegeben, läßt sich die Mengen-Kosten-Leistungsfunktion aus den ökonomischen Verbrauchsfunktionen ermitteln. Dazu wird für jeden Faktor i der Faktorverbrauch pro Mengeneinheit $a_i(l)$ mit dem Kostensatz pro Faktoreinheit q_i multipliziert. Anschließend werden die Produkte über die Faktorarten summiert. Somit gilt:

$$k(l) = \sum_{i=1}^{n} q_i \cdot a_i(l).$$

In Abbildung 6.6 wird der Zusammenhang für das Beispiel gezeigt. Für die weiteren Überlegungen wird ein U-förmiger Verlauf dieser Stückkostenfunktion unterstellt, das heißt die Stückkosten sind bei minimaler Intensität relativ hoch, sinken dann bis zu einer stückkostenoptimalen Intensität und steigen schließlich wieder bis zur maximalen Intensität.

Die Gesamtkosten K für eine Ausbringungsmenge x hängen somit davon ab, mit welcher Intensität l und welcher Einsatzzeit t gearbeitet wird. Es gilt:

$$K(l, t) = k(l) \cdot x(l, t) = k(l) \cdot l \cdot t \quad \text{für } l_{min} \leq l \leq l_{max} \text{ und } 0 \leq t \leq t_{max}.$$

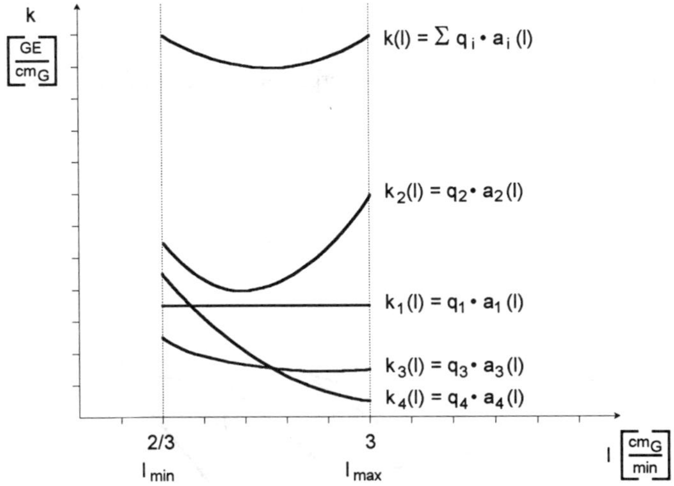

Abbildung 6.6: Die Ermittlung einer Mengen-Kosten-Leistungsfunktion

In Abbildung 6.7 ist das *Kostengebirge* für eine U-förmige Mengen-Kosten-Leistungsfunktion in Abhängigkeit von l und t dargestellt. Es ist klar, daß ein Schnitt parallel zur t-K-Ebene bei vorgegebener Intensität $l = l_c$ durch eine lineare Funktion der Form gekennzeichnet ist:

$$K (l_c, t) = k (l_c) \cdot l_c \cdot t \quad \text{für } 0 \leq t \leq t_{max}.$$

Ein Schnitt parallel zur l-K-Ebene ist dagegen durch einen umgekehrt S-förmigen Verlauf zu charakterisieren. Für die entsprechende Kostenfunktion gilt bei einer vorgegebenen Einsatzzeit $t = t_c$:

$$K (l, t_c) = k (l) \cdot l \cdot t_c \quad \text{für } l_{min} \leq l \leq l_{max}.$$

Isoquanten, also Linien gleicher Ausbringung, befinden sich auf der Grundfläche in der Form von Hyperbeln. Eine vorgegebene Ausbringungsmenge $x = x_c$ läßt sich mit allen Intensitäts-Einsatzzeit-Kombinationen erreichen, die durch die Funktion $t (l) = xc / l$ gekennzeichnet sind.

Es ist leicht einzusehen, daß man zunächst einmal mit der stückkostenminimalen Intensität l_{opt} zu arbeiten versucht, wenn man die Gesamtkosten für eine vorgegebene Ausbringung x möglichst gering halten möchte. Das geht, solange $x \leq l_{opt} \cdot t_{max}$ ist. Eine derartige Ausbringung läßt sich in der vorhandenen Zeit immer mit der stückkostenoptimalen Intensität herstellen. Die Einsatzzeit ist dann $t = x/l_{opt}$. Für jede andere mögliche Kombination von Intensität und Einsatzzeit, die auch die Ausbringung ergeben würde, sind die Gesamtkosten höher, weil die Stückkosten höher sind.

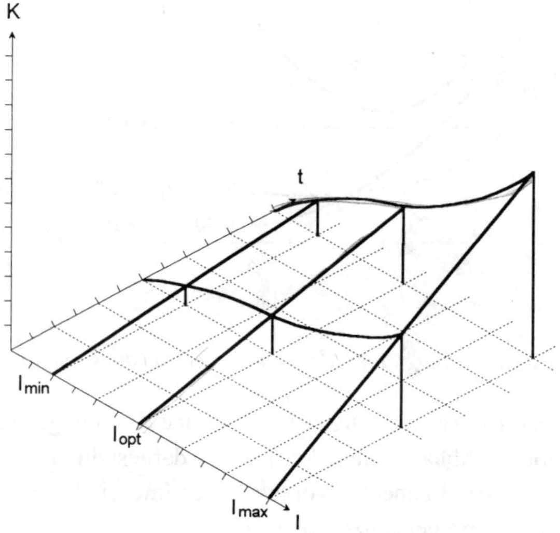

Abbildung 6.7: Der Verlauf der Gesamtkosten in Abhängigkeit von der Intensität und der Einsatzzeit

Wegen

$k(l) \geq k(l_{opt})$ für alle l

gilt für alle Kombinationen (l, t) mit $l \cdot t = x$:

$$\begin{aligned} K(l, t) &= k(l) \cdot l \cdot t \\ &= k(l) \cdot x \\ &\geq k(l_{opt}) \cdot x \\ &\geq K(l_{opt}, x/l_{opt}). \end{aligned}$$

In dem Ausbringungsintervall $0 \leq x \leq l_{opt} \cdot t_{max}$ paßt man den Produktionsvorgang bei stückkostenoptimaler Intensität *zeitlich* an die Ausbringungsmenge an.

Für Mengen x, die zwischen der Ausbringungsmenge $l_{opt} \cdot t_{max}$ und der maximal überhaupt erreichbaren Produktionsmenge $l_{max} \cdot t_{max}$ liegen, paßt man sich *intensitätsmäßig* an. Das bedeutet, daß man bei maximaler Einsatzzeit t_{max} die entsprechende Intensität x/t_{max} wählt, um die Ausbringung x zu erreichen. Für die Intensität l einer Kombination (l, t), mit der eine vorgegebene Ausbringungsmenge x in diesem Mengenintervall erreicht werden kann, muß $l \geq x/t_{max} \geq l_{opt}$ und damit $k(l) \geq k(x/t_{max})$ gelten. Letzteres ist richtig, weil die Stückkostenfunktion U-förmig ist. Dann gilt für alle Kombinationen (l, t) mit $l \cdot t = x$:

$$\begin{aligned} K(l, t) &= k(l) \cdot x \\ &\geq k(x/t_{max}) \cdot x \\ &\geq K(x/t_{max}, t_{max}). \end{aligned}$$

Insgesamt ergibt sich auf diese Weise bei kostenminimalem Verhalten zunächst ein Mengenintervall zeitlicher Anpassung und dann ein Mengenintervall intensitätsmäßiger Anpassung. Für die minimalen Kosten K_{min} bei einer Ausbringungsmenge x gilt somit:

$$K_{min}(x) = \begin{cases} K\left(l_{opt}, \dfrac{x}{l_{opt}}\right) & \text{falls } 0 \leq x \leq l_{opt} \cdot t_{max} \\ K\left(\dfrac{x}{t_{max}}, t_{max}\right) & \text{falls } l_{opt} \cdot t_{max} < x \leq l_{max} \cdot t_{max} \end{cases}$$

6.3 Zukünftige Entwicklungen

Das Mengengerüst der Kosten, das in der skizzierten Form Gegenstand und Inhalt der betriebswirtschaftlichen Produktionsfunktionen ist, ist sehr schwierig und nur unter stark vereinfachenden Bedingungen in geschlossene formale Modelle einzubringen, die dann für Fragen der Kostenminimierung auf analytischem Wege lösbar sind. In jüngster Zeit zeichnet sich deutlich eine zweite erfolgversprechende Vorgehensweise ab: die Simulation von Produktionssystemen. Hierbei kann EDV-gestützt mit einem formalen Abbild des Produktionssystems experimentiert und die Abhängigkeit der Faktorverbräuche von den Ausbringungsmengen und anderen Einflußgrößen sowie die Kostenwirkungen realitätsnah getestet werden. Dabei wird der Zusammenhang zwischen Faktoreinsatzmengen, Kosten und Ausbringungsmengen letztlich durch ein Simulationsprogramm dargestellt. Diese Vorgehensweise erfüllt jedoch bislang noch nicht den Anspruch, zu allgemeingültigen inhaltlichen Ergebnissen zu führen - ein Anspruch, den letztlich jede Theorie erhebt. In der Praxis wird weiterhin der Ansatz nach Leontief eine wesentliche Rolle spielen. Um ihn für EDV-gestützte Planungen einsetzen zu können, bedarf es einer sorgfältigen Strukturierung der produktionsbezogenen Unternehmensdaten.

Aufgabe 6.3:

Erläutern Sie den Zusammenhang zwischen der technischen und der ökonomischen Verbrauchsfunktion eines Produktionsfaktors anhand eines selbstgewählten Beispiels. Warum wird zwischen technischer und ökonomischer Verbrauchsfunktion unterschieden?

Aufgabe 6.4:

Ein Betrieb benötigt zur Herstellung eines Produktes drei Produktionsfaktoren, für die folgende ökonomische Verbrauchsfunktionen ermittelt werden:

a_1 (l) = 0,05 l^2 – 2 l + 21 [FE/ME] Energie

a_2 (l) = 25/l [FE/ME] Menschliche Arbeit

a_3 (l) = 10 [FE/ME] Rohstoff

Die Preise der Faktoren sind ebenfalls bekannt:

q_1 = 2 [GE/FE], q_2 = 25 [GE/FE] und q_3 = 1,8 [GE/FE].

Die Intensität l kann in den Grenzen $0 \leq l \leq 40$ stufenlos variiert werden. Die Betriebszeit t kann im Rahmen einer 40-Stunden-Woche alle Werte zwischen 0 und 40 annehmen.

a) Stellen Sie die zugehörige Mengen-Kosten-Leistungsfunktion analytisch auf, und zeigen Sie, wie diese Funktion graphisch ermittelt werden kann.

b) Welche Form hat die Gesamtkostenfunktion in Abhängigkeit von der Ausbringungsmenge x?

c) Ermitteln Sie die kostenoptimale Intensität l_{opt}!

d) Wie sieht die Gesamtkostenfunktion aus, wenn der Betrieb sich optimal zeitlich und intensitätsmäßig anpaßt? Stellen Sie die Gesamtkosten in Abhängigkeit von der Ausbringungsmenge bei Optimalverhalten des Betriebes graphisch dar.

Literaturhinweise und Leseliste zum 6. Kapitel:

Einführende Literatur :

Adam, D., Produktionsmanagement, 7. vollst. überarb. u. erw. Auflage, Wiesbaden 1993, S. 154 ff. u. S. 174 ff.(*)

Bloech, J., Lücke, W., Produktionswirtschaft, Stuttgart, New York 1982, S. 112 ff. u. S. 163 ff.

Ellinger, T., Haupt, R., Produktions- und Kostentheorie, 2. Auflage, Stuttgart 1990, S. 61 ff.

Jehle, E., Müller, K., Michael, H.,Produktionswirtschaft, 3. Auflage, Heidelberg 1990, S. 77 ff..(*)

Weiterführende Literatur :

Fandel, G., Produktion I, Produktions- und Kostentheorie, 4. Auflage, Berlin, Heidelberg 1994, S. 69 ff., S. 101 ff. und S. 258 ff.

Gutenberg, E., Grundlagen der Betriebswirtschaftslehre, Band 1, Die Produktion, 23. Auflage, Berlin u.a. 1979, S. 298 ff. u. S. 358 ff. (*)

(*) Pflichtlektüre

7. Die Strukturierung der Fertigungsdaten in einer Fertigungsdatentenbank

7.1 Vorbemerkung

Sollen die Erkenntnisse über Produktions- und Kostenfunktionen für reale Planungs- und Steuerungszwecke nutzbar gemacht werden, müssen die Daten, die diese Funktionen für ein konkretes Produktionssystem kennzeichnen, in einer systematischen, für praktische Planungszwecke brauchbaren Form vorgehalten werden. In jüngerer Zeit werden dafür in zunehmendem Maße computergestützte *Produktionsplanungs- und -steuerungssysteme* (PPS-Systeme) eingesetzt. Derartige Systeme sind zur Zeit in erster Linie Informations- und Datenverwaltungssysteme, die Daten der betrieblichen Teilbereiche zentral erfassen und verfügbar machen. Sie wurden als Computerprogramme von der Praxis eigentlich ohne Bezug zur Produktions- und Kostentheorie entwickelt und haben sich für unterschiedliche Produktionssysteme bewährt. Bei näherem Hinsehen stellt sich heraus, daß sie in sehr direkter und übersichtlicher Form das Mengen- und Kostengerüst der entsprechenden produktiven Zusammenhänge beschreiben. Sie sind somit das entscheidende Instrument, Produktions- und Kostenfunktionen für Entscheidungen in der Praxis verfügbar zu machen.

7.2 Die Erfassung des Mengengerüstes

7.2.1 Beschreibung der Beispielsituation

Geht man davon aus, daß in der Regel in einem produktiven Prozeß Arbeitskräfte, Maschinen und Material kombiniert werden, um Sachgüter zu erzeugen, müssen zunächst die Grunddaten dieser Objekte erhoben und für die weitere Bearbeitung zugänglich gemacht werden. Im folgenden werden dazu Tabellen benutzt, wie sie im Rahmen von *relationalen Datenbanken* üblich sind. Eine solche Tabelle besteht aus Zeilen und Spalten. Jede Zeile entspricht einem Datensatz, der ein Objekt hinsichtlich vorher vereinbarter Attribute beschreibt. Die Attribute sind in den Spalten verzeichnet. Die Festlegung einer Datenstruktur erfolgt daher durch eine Vereinbarung darüber, welche Merkmale in den Spalten der Tabelle nachgehalten werden sollen. Der Aufbau und die Verwendung derartiger Tabellen läßt sich am leichtesten an einem konkreten Beispiel nachvollziehen.

Als Beispiel wird wieder eine Tischlerei herangezogen. Das Werkstattlayout ist der Abbildung 7.1 zu entnchmen. Dabei sind neben den Maschinen auch die

Rohmaterialien, die Zwischenprodukte und Fertigprodukte angegeben sowie die Materialflüsse angedeutet.

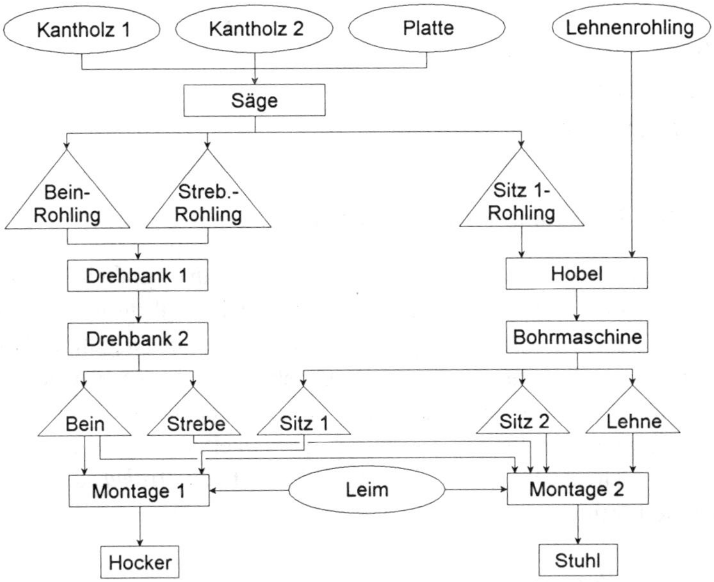

Abbildung 7.1: Werkstattlayout der Tischlerei

Bei diesem Betrieb handelt es sich um eine industriell organisierte Kleintischlerei, die sich auf die Produktion von Hockern und Stühlen spezialisiert hat. Das Produktionsprogramm besteht aus einem einfachen Hocker ohne Lehne und einem Stuhl mit komfortabler Lehne. In der Tischlerei sind drei Personen tätig, ein Meister, ein Geselle und ein Lehrling. Sie sind natürlich unterschiedlich qualifiziert, und die entsprechenden Kostensätze sind verschieden. Die maschinelle Ausstattung besteht, wie der Abildung 7.1 zu entnehmen ist, aus einer Säge, zwei Drehbänken, einem Hobel, einer Bohrmaschine und zwei Montageplätzen Bei der Montage der Teile wird zusätzlich etwas Leim als Hilfsstoff benötigt. Eingesetzte Rohstoffe sind:

- Kantholz 1 für Hocker- und Stuhlbeine,
- Kantholz 2 für die Streben der Stuhllehne,
- Platte für die Sitzfläche,
- Rohling für die Stuhllehne.

Aus diesen Rohstoffen werden folgende Zwischenprodukte gefertigt:

- Beine für Hocker oder Stuhl,
- Sitzfläche 1 für den Hocker,
- Sitzfläche 2 für den Stuhl,
- Strebe für die Stuhllehnen,
- Lehne für den Stuhl.

7.2.2 Die Strukturierung von Artikeldaten

Zentral für eine *Fertigungsdatenbank* ist eine Datei, die sämtliche Artikel verwaltet. Als Artikel werden dabei alle Rohstoffe, Halbfabrikate und Fertigwaren erfaßt. Für sie werden Tabellen angelegt, die in einer allgemeingültigen Form die interessierenden Attribute der Artikel beschreiben. In der Regel werden sogenannte Stammdaten und Bewegungsdaten getrennt voneinander modelliert. Als Stammdaten werden diejenigen Merkmale der Artikel abgelegt, die sich auf absehbare Zeit nicht ändern. Im einfachsten Fall könnte die *Artikelstammdatei* wie folgt definiert werden:

TABLE: *Artikelstamm*

1 – Identnummer	(Integer 16)
2 – Name	(Character 30)
3 – Maßeinheit	(Character 30)

Mit Hilfe einer derartigen Vereinbarung wird eine Artikelstammdatei definiert, die drei Spalten mit Speicherplatz für die angegebenen Inhalte vorsieht. Dabei ist jeweils in Klammern angegeben, welche Art von Datentyp erwartet wird, zum Beispiel als Identnummer eine höchstens sechszehnstellige ganze Zahl (Integer 16) oder als Name eine Zeichenkette mit höchstens 30 Buchstaben (Character 30). Diese Stammdaten lassen sich im Bedarfsfall ergänzen, etwa um Angaben über einen festen Lieferanten oder Beschreibungen von Lagerorten. Im Beispiel der Tischlerei würde diese Tabelle 12 Zeilen umfassen, nämlich vier Zeilen für die Rohstoffe, fünf Zeilen für die Zwischenprodukte, zwei Zeilen für die Fertigwaren und eine Zeile für den Leim als Hilfsstoff.

In einer zweiten artikelbezogenen Tabelle lassen sich die Bewegungsdaten ablegen. Als Bewegungsdaten gelten solche Informationen, die sich im Zeitablauf ändern. Dazu zählen insbesondere die Lagerbestandsdaten. Eine Tabelle Artikelbestand könnte wie folgt modelliert sein:

TABLE: *Artikelbestand*

1 – Identnummer	(Integer 16)
2 – Aktueller-Bestand	(Real)
3 – Bestellte-Menge	(Real)
4 – Vorgemerkte-Menge	(Real)

Die Mengengrößen werden dabei als reelle Zahlen nachgehalten. Aus den Angaben läßt sich der verfügbare Bestand berechnen. Es gilt :

Verfügbarer Bestand = Aktueller Bestand + Bestellte Menge
– Vorgemerkte Menge.

Die bestellte und die vorgemerkte Menge sind Plandaten, die in der Zukunft realisiert werden sollen. Im Rahmen einer *terminierten Materialbedarfsplanung* werden Bestellungen und Vormerkungen periodengerecht erfaßt, um das Auftreten von Engpässen vorauszusehen.

Stücklisten beschreiben die Erzeugnisstruktur, das heißt die Zusammensetzung von Artikeln. Basierend auf den Artikeldaten werden Strukturrelationen definiert. Für jedes Paar von Artikeln, bei dem der eine (Unterteil) direkt in den anderen (Oberteil) eingeht, wird in der Tabelle *Erzeugnisstruktur* eine Zeile angelegt. Eine derartige Tabelle kann wie folgt definiert sein:

TABLE: *Erzeugnisstruktur*

1 – Oberteil	(Character 30)
2 – Unterteil	Character 30)
3 – Menge	(Real)

Eine solche Tabelle enthält damit offensichtlich die Informationen, die in einer *Direktbedarfsmatrix* bzw. in einem Gozintographen zu finden sind. Für die Erzeugnisse des Beispiels ergäbe sich damit die folgende Tabelle Erzeugnisstruktur.

Oberteil	Unterteil	Menge
Stuhl	Sitz	1.0
Stuhl	Bein	4.0
Stuhl	Strebe	5.0
Stuhl	Lehne	1.0
Stuhl	Leim	0.5
Sitz 2	Sitz 1	1.0
Hocker	Sitz 1	1.0
Hocker	Bein	4.0
Hocker	Leim	0.3
Bein	Kantholz 1	0.25
Strebe	Kantholz 2	0.20
Lehne	Rohling	1.0
Sitz 1	Platte	0.25

Der entsprechende Gozintograph ist in Abbildung 7.2 dargestellt. Mit Hilfe derartiger Tabellen lassen sich leicht Stücklisten und Teileverwendungsnachweise rekonstruieren und mithin die Materialverbräuche ermitteln.

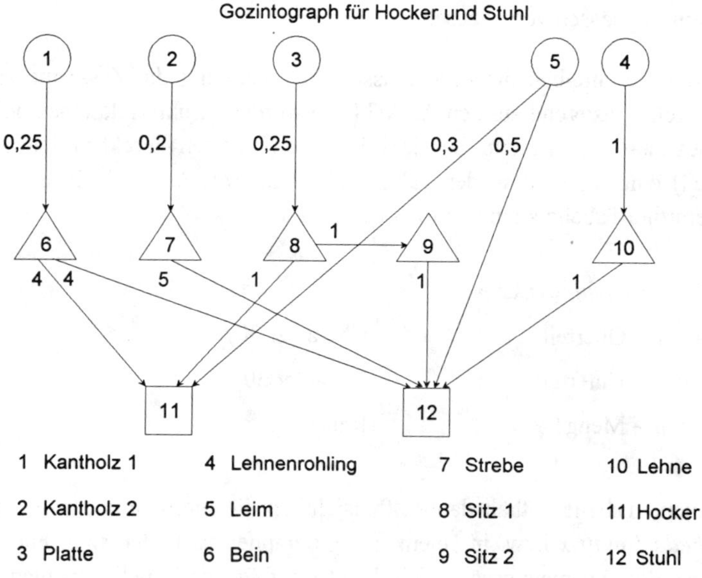

Abbbildung 7.2: Gozintograph für Hocker und Stuhl

7.2.3 Die Strukturierung von Daten für Arbeitskräfte und Maschinen

Sollen auch die Verbräuche an Arbeitskraft und Maschinen bestimmt werden, müssen zunächst die Grunddaten dafür erfaßt werden. Dies erfolgt für Arbeitskräfte und Maschinen in ähnlicher Form. Beide Einsatzfaktoren stellen Produktionskapazitäten dar, die für Fertigungsaufträge in Anspruch genommen werden können. Ähnliche Faktoren werden zu einer *Kapazitätsgruppe* zusammengefaßt. Die Tabelle für eine Kapazitätsgruppe könnte in der folgenden Form definiert sein:

TABLE: *Kapazitätsgruppe*

1 – Identnr.

2 – Name

3 – Maximale Auslastung

4 – Qualifikationsprofil

5 – Anzahl

6 – Kalender

Als maximale Auslastung ist derjenige Prozentsatz der Kapazität anzugeben, der in die Planung höchstens fest übernommen werden darf. Das Qualifikationsprofil verweist auf die Eignung des Faktors für bestimmte Tätigkeiten oder Bearbeitungsvorgänge. In der 6. Spalte wird ein Hinweis auf einen Betriebskalender gespeichert, der die zeitliche Verfügbarkeit der Einsatzfaktoren regelt.

Im Beispiel gibt es zwei Drehbänke. Sie können zu einer Kapazitätsgruppe zusammengefaßt und mit folgender Zeile in die Tabelle eingetragen werden:

1	2	3	4	5	6
100	Drehbänke	80	200	2	10

Die Drehbankgruppe mit der Identnr. 100 kann also zu 80 % ausgelastet werden; die Drehbänke können alle Bearbeitungsvorgänge leisten, die im Qualifikationsprofil 200 verzeichnet sind; es stehen zwei Anlagen zur Verfügung, die nach dem Betriebskalender 10 arbeiten. Auf Qualifikationsprofil und Betriebskalender wird im weiteren noch eingegangen. Zunächst werden Arbeitkräfte und Maschinen als individuelle Kapazitätsstellen modelliert, die einer Kapazitätsgruppe angehören können.

Die Tabelle für *Kapazitätsstellen* ist ähnlich zu definieren wie die Tabelle für Kapazitätsgruppen. Dabei kann jede Arbeitskraft oder jede Maschine einer Kapazitätsgruppe zugeordnet sein.

TABLE: Kapazitätsstelle

1 – Identnr.

2 – Name

3 – Maximale Auslastung

4 – Qualifikationsprofil

5 – Kapazitätsgruppe

6 – Kalender

Werden zum Beispiel die beiden Drehbänke in diese Tabelle eingestellt, ergibt sich folgende Datei:

1	2	3	4	5	6
1001	Drehbank 1	90	100	100	1
1002	Drehbank 2	70	200	100	2

Ein *Betriebskalender* zeigt Verfügbarkeitszeiten von Arbeitkräften und Maschinen an. Es müssen soviele Betriebskalender definiert werden, wie es unterschiedliche Verfügbarkeitsmuster der Einsatzfaktoren gibt. Die Verfügbarkeitsmuster werden zum Beispiel durch die Arbeitszeiten des Personals oder die Wartungsintervalle der Maschinen bestimmt. Zunächst wird eine Tabelle definiert, die den betrachteten Kalenderzeitraum insgesamt festgelegt:

TABLE: Kalender

1 – Identnr.

2 – Name

3 – Gültig von (Datum)

4 – Gültig bis (Datum)

Soll zum Beispiel ein *Schichtkalender* für das Jahr 1991 festgelegt werden, könnte die folgende Zeile eingegeben werden:

1	2	3	4
101	Schichtkalender	01.01.95	31.12.95

In diesem Zeitraum werden für Verfügbarkeitsmuster, die sich zyklisch wiederholen, entsprechende Zeitbereiche - *Zyklen* - definiert:

TABLE: *Zyklus*

1 – Identnr.

2 – Kalendernr.

3 – Zeiteinheit

4 – Zykluslänge

Wechselt z.B. die Schicht jeweils nach 10 Arbeitstagen von einer Frühschicht, die von 8.00 bis 16.00 Uhr läuft, zu einer Spätschicht von 14.00 bis 22.00 Uhr, benötigt man zwei Zeilen in der Tabelle:

1	2	3	4
1	101	Tag	10
2	101	Tag	10

Das tägliche *Verfügbarkeitsmuster* läßt sich dann in einer weiteren Tabelle angeben, in der dann letztlich die tägliche Arbeitszeit gespeichert ist.

TABLE: *Verfügbarkeitsmuster*

1 – Identnr.

2 – Zyklusnr.

3 – Kalendernr.

4 – Zeiteinheit

5 – von Zeiteinheit

6 – bis Zeiteinheit

Die Eintragung der Schichtzeiten sähe im Beispiel wie folgt aus:

1	2	3	4	5	6
1	1	101	Stunden	08.00	16.00
2	2	101	Stunden	14.00	22.00

Das vorgestellte Konzept ist nur eine von vielen Möglichkeiten, die Verfügbarkeit von Arbeitskräften und Maschinen zu erfassen. Das *Qualifikationsprofil* ist im einfachsten Fall eine Kennnummer für eine bestimmte Menge von Tätigkeiten oder Arbeitsgängen. So mögen zum Beispiel alle Tätigkeiten, die der Lehrling ausführen kann, mit der Kennummer 1001 versehen sein. Was der Geselle kann, habe die Nummer 2001. In analoger Weise ist die Eignung der Maschinen festzuhalten. Es ist klar, daß die Verknüpfung von Arbeitsgängen und Arbeitskräften oder Maschinen über dieses Qualifikationsprofil erfolgt.

Zur Erstellung der Halb- und Fertigfabrikate dienen Arbeitsgänge. Sie werden in ihrer Gesamtheit in einer Tabelle *Arbeitsgänge* erfaßt, die wie folgt definiert werden kann:

TABLE: Arbeitsgänge

1 – Identnr.
2 – Beschreibung
3 – Qualifikationsprofil
4 – Anzahl
5 – Dauer je Vorgang
6 – Zeiteinheit

Damit lassen sich beispielsweise die Vorgänge ”Material für Hocker vom Lager beschaffen” und ”Bein montieren” folgendermaßen beschreiben:

1	2	3	4	5	6
3010	H.-Material beschaffen	1001	1	120	sec
3020	Bein montieren	2001	1	1.5	min

Arbeitspläne beschreiben Reihenfolgen von Arbeitsgängen, die zur Erstellung eines Artikels durchgeführt werden müssen. Dazu kann zunächst in einer Tabelle der Name der Arbeitspläne vereinbart werden. In einer weiteren Tabelle lassen sich dann die Arbeitsplanrelationen aufnehmen. Eine Arbeitsplanrelation besteht aus einem Arbeitsgang und einem Arbeitsplan sowie einer Angabe darüber, an welcher Stelle des Arbeitsplanes dieser Arbeitsgang ausgeführt werden soll. Damit erhält man folgende Tabellendefinitionen:

TABLE: Arbeitsplan

1 – Identnr.
2 – Beschreibung
3 – Artikel

TABLE: Arbeitsplanrelation

1 – Arbeitsplannr.
2 – Arbeitsgangnr.
3 – Nr. in Reihenfolge

Der Arbeitsplan für eine Hockermontage könnte somit durch eine Tabelle folgender Art vereinbart werden:

1	2	3
10	Hockermontage	Hocker

Dazu müßte die Tabelle der Arbeitsplanrelationen beispielsweise Eintragungen der folgenden Art enthalten:

1	2	3	Anmerkung
10	3010	1	(Material lt. Stückliste beschaffen)
10	3011	2	(Leim in Bohrung einfügen)
10	3020	3	(Bein montieren)
10	3011	4	(Leim in Bohrung einfügen)
10	3020	5	(Bein montieren)
10	3011	6	(Leim in Bohrung einfügen)
10	3020	7	(Bein montieren)
10	3011	8	(Leim in Bohrung einfügen)
10	3020	9	(Bein montieren)

Mit derartigen Angaben lassen sich die Faktorverbräuche insgesamt rekonstruieren. Dazu müssen letztlich die Stücklisteninformationen und die Arbeitsplandaten zusammengeführt werden. Wie dies zu geschehen hat, wurde grundsätzlich bei der Diskussion der Leontief-Produktionsfunktion vorgeführt. Moderne Datenbanksysteme verfügen mit entsprechenden Abfragesprachen wie SQL über leistungsstarke Hilfsmittel zur Lösung dieser Aufgabenstellung. Die Erläuterung ihres Einsatzes sprengt jedoch den Rahmen einer einführenden Schrift.

7.3 Die Strukturierung der Kostendaten

Um die Verbrauchsmengen bewerten zu können, müssen Kostendaten für die verschiedenen Einsatzfaktoren nachgehalten werden. Auch dies läßt sich im Rahmen einer Fertigungsdatenbank leicht bewerkstelligen. Dazu müssen lediglich für die Artikel eine Tabelle *Artikelwertgrößen* sowie für die Kapazitätsstellen eine Tabelle *Kapazitätskosten* definiert werden:

TABLE: *Artikelwertgrößen*

1 – Artikelnr.

2 – Kostensatz pro Einheit

TABLE: *Kapazitätskosten*

1 – Identnr. der Kapazitätsstelle

2 – Kostensatz pro Zeiteinheit

Werden in derartigen Tabellen die Materialkosten einerseits und die Arbeits- und Maschinenkosten andererseits nachgehalten, lassen sich, wie bei der Leontief-Produktionsfunktion gezeigt, sämtliche Artikel kalkulieren. Dazu sind die Gesamtverbräuche der Einsatzfaktoren pro Artikeleinheit über Stücklisten und Arbeitspläne festzustellen, mit den entsprechenden Kostensätzen zu multiplizieren und über die Faktorarten zu summieren. Insgesamt wird deutlich, daß es, anders als die übliche Produktions- und Kostentheorie vermuten läßt, durchaus einen verbindenden Weg zwischen Theorie und Praxis gibt.

Literaturhinweise und Leseliste zum 7. Kapitel:

Einführende Literatur:

Stahlknecht, P., Einführung in die Wirtschaftsinformatik, 6. Auflage, Berlin u.a. 1993, S. 205 ff. und S. 367 ff.

Weiterführende Literatur:

Scheer, A. W., Wirtschaftsinformatik, 4.Auflage, Berlin u.a. 1994, S. 90 ff.. (*)

(*) Pflichtlektüre

8. Grundlagen der Produktionsprogrammplanung mit Hilfe der linearen Programmierung

8.1 Ein einfaches Beispiel und seine Lösung auf graphischem Wege

Die Aufgabe der Produktionsprogrammplanung besteht darin festzulegen, welche Erzeugnisse in welchen Mengen im Planungszeitraum zu produzieren und abzusetzen sind. Grundlage der Überlegungen bildet eine mehrstufige Mehrproduktartenfertigung, die mit Hilfe einer Leontief-Produktionsfunktion beschrieben werden kann. Dabei sind einerseits für die Produktion einer Produktart in der Regel mehrere Aggregate erforderlich, andererseits kann ein Aggregat für die Herstellung verschiedener Produktarten eingesetzt werden. Für die Produktionsprogrammplanung ergeben sich also Entscheidungssituationen, die durch mehrere denkbare Engpässe und mehrere mögliche Prozesse im Produktionsbereich gekennzeichnet sind. Derartige Aufgabenstellungen können mit Hilfe der *linearen Programmierung* gelöst werden. Die Vorgehensweise zur Erstellung eines linearen Programms wird im folgenden anhand eines Beispiels erläutert.

Es geht um die Bestimmung eines wöchentlichen Produktionsprogramms für einen Betrieb, der in der Lage ist, zwei Typen von Metallteilen aus Stahlblech herzustellen. Im Rahmen der vorhandenen Kapazitäten läßt sich der Bedarf an Stahlblech uneingeschränkt decken. Beide Produkte müssen die Arbeitsvorgänge "Stanzen" und "Pressen" durchlaufen. Um eine Mengeneinheit [ME] des Produktes 1 zu fertigen, werden an der Stanze 5 [min] benötigt, an der Presse 10 [min]. Das Produkt 2 muß pro [ME] 9 [min] auf der Stanze und 3 [min] auf der Presse bearbeitet werden. Die Stanze steht wöchentlich 2250 [min] zur Verfügung, die Presse 3000 [min]. Das Produkt 2 wird zusätzlich noch in einem Kunststoffbad mit einem Kunststoffmantel versehen. Dafür werden pro [ME] 2 [l] Kunststoff benötigt, von dem wöchentlich bis zu 400 [l] beschafft werden können. Da es sich bei dem betrachteten Betrieb um einen unter vielen handelt, kann er im Rahmen seiner Kapazität die Produkte uneingeschränkt zum Marktpreis absetzen. Für das Produkt 1 beträgt der Verkaufspreis 95,- [DM/ME] bei variablen Stückkosten von 45,- [DM/ME], für das Produkt 2 beläuft sich der Verkaufspreis auf 140,- [DM/ME] bei variablen Stückkosten von 80,- [DM/ME]. Die Zielsetzung des Betriebes ist die Maximierung des Deckungsbeitrags aus dem Verkauf seiner Produkte. Dabei müssen jedoch die durch die beschränkten Kapazitäten bedingten Restriktionen bei der Produktionsprogrammplanung berücksichtigt werden.

Der verbalen Formulierung der Aufgabenstellung für das Programmplanungsbeispiel entspricht die folgende mathematische Darstellung. Werden mit x_1 und x_2 die zu planenden Produktions- und Absatzmengen der Produkte 1 und 2 bezeichnet, gilt:

	$50 \cdot x_1 + 60 \cdot x_2 \rightarrow \max$	Maximierung des Deckungsbeitrags als Zielfunktion
(1)	$10 \cdot x_1 + 3 \cdot x_2 \leq 3000$	Kapazitätsbedingung für die Presse
(2)	$5 \cdot x_1 + 9 \cdot x_2 \leq 2250$	Kapazitätsbedingung für die Stanze
(3)	$2 \cdot x_2 \leq 400$	Beschaffungsbedingung für den Kunststoff
	$x_1 \geq 0, \quad x_2 \geq 0$	Nichtnegativitätsbedingung für die Produkte

Von allen nichtnegativen Zahlenpaaren (x_1, x_2), die den Ungleichungen (1) – (3) genügen, ist dasjenige gesucht, das die Vielfachensumme $50\ x_1 + 60\ x_2$ maximiert. Die Lösungsmenge stellt dabei ein Bild des im Beispiel zugrundegelegten Entscheidungsfeldes dar.

Zunächst wird die Vorgehensweise zur graphischen Darstellung der Lösungsmengen von linearen Nebenbedingungen mit zwei Variablen erläutert. Gegeben sei eine Ungleichung in der Form

$$a_{i1}\, x_1 + a_{i2}\, x_2 \quad \begin{matrix} \leq \\ = \\ \geq \end{matrix} \quad b_i.$$

Dabei sollen die Ungleichheitszeichen / das Gleichheitszeichen alternativ gelten.

1.Schritt:

Bestimmung der durch die Nebenbedingung festgelegten Geraden mit Hilfe der Schnittpunkte der Geraden mit den Koordinatenachsen. Der Schnittpunkt mit der 1. Koordinatenachse entspricht dem Zahlenpaar ($x_1 = b_i/a_{i1}$, $x_2 = 0$) und der Schnittpunkt mit der 2. Koordinatenachse dem Zahlenpaar ($x_1 = 0$, $x_2 = b_i/a_{i2}$). Ist die Nebenbedingung eine Gleichung, stellt die so bestimmte Gerade die Lösungsmenge graphisch dar. Für Ungleichungen ist noch der 2. Schritt durchzuführen.

2. Schritt:

Nullpunkttest für Ungleichungen. Wenn das Zahlenpaar (0, 0) die Ungleichung erfüllt, ist diejenige Halbebene, welche die in Schritt 1 bestimmte Gerade als

Rand hat und den Nullpunkt enthält, eine graphische Darstellung der Lösungsmenge der Ungleichung. Erfüllt das Zahlenpaar (0, 0) die Ungleichung nicht, ist diejenige Halbebene, welche die in Schritt 1 bestimmte Gerade als Rand hat und den Nullpunkt nicht enthält, eine graphische Darstellung der Lösungsmenge der Ungleichung.

Wendet man diese Vorgehensweise auf die Nebenbedingungen des Beispiels an, ergibt sich die graphische Darstellung in Abbildung 8.1. Dabei sind jeweils die Halbebenen, die unterhalb der durch die Nebenbedingungen festgelegten Geraden liegen, die graphische Darstellung der Lösungsmengen der einzelnen Nebenbedingungen (Nullpunkttest).

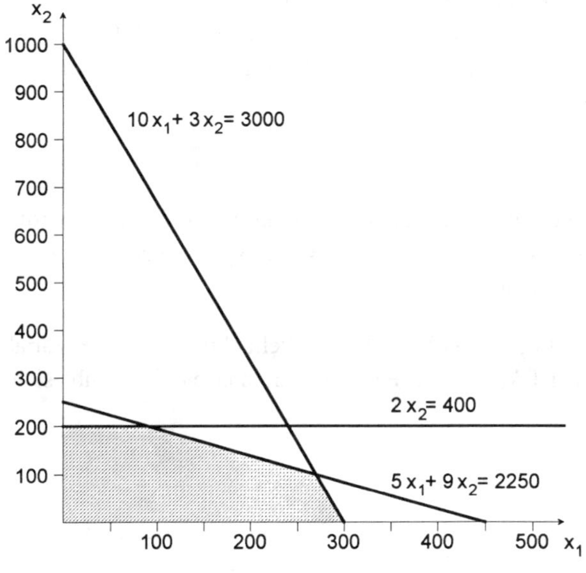

Abbildung 8.1: Graphische Darstellung des Entscheidungsfeldes

Punkte, die tatsächlich durchführbare Entscheidungsmöglichkeiten abbilden, müssen Zahlenpaaren entsprechen, die alle Nebenbedingungen und die Nichtnegativitätsbedingung erfüllen. Die Gesamtheit dieser Punkte ist die Schnittmenge der einzelnen Halbebenen, die durch die Ungleichungen festgelegt werden. Sie entspricht der schraffierten Fläche in der Abbildung 8.1 und ist die graphische

Darstellung aller tatsächlich möglichen Paare von wöchentlichen Ausbringungsmengen.

Entscheidungsmöglichkeiten mit gleichem Zielerreichungsgrad lassen sich mit Hilfe der Zielfunktion darstellen. Die *lineare Zielfunktion* des Beispiels ist die Vielfachsumme

$$50\, x_1 + 60\, x_2.$$

Alle Zahlenpaare, die bei Einsetzen in diese Vielfachsumme einen festen Wert, etwa 12000, ergeben, lassen sich als Lösungen der Gleichung

$$50\, x_1 + 60\, x_2 = 12000$$

berechnen. Diese Gleichung ist die Bestimmungsgleichung einer Geraden, welche die Koordinatenachsen in den Zahlenpaaren ($x_1 = 240$, $x_2 = 0$) und ($x_1 = 0$, $x_2 = 200$) entsprechenden Punkten schneidet. Für den Zielfunktionswert 6000 ergibt sich die Gleichung

$$50\, x_1 + 60\, x_2 = 6000.$$

Die Gerade, die dieser Gleichung entspricht, schneidet die Koordinatenachse in den Punkten, die die Zahlenpaare ($x_1 = 120$, $x_2 = 0$) und ($x_1 = 0$, $x_2 = 100$) darstellen (vgl. Abbildung 8.2).

Führt man im allgemeinen Fall für den Zielfunktionswert die Variable z und für die Gewichtungsfaktoren die Parameter c_1 und c_2 ein, ergibt sich die Bestimmungsgleichung

$$c_1\, x_1 + c_2\, x_2 = z.$$

Die zugehörige Gerade schneidet die Koordinatenachsen in den Punkten, die ($x_1 = z/c_1$, $x_2 = 0$) und ($x_1 = 0$, $x_2 = z/c_2$) entsprechen.

An der expliziten Form dieser Gleichung

$$x_2 = -\,(c_1/c_2)\, x_1 + z/c_2$$

läßt sich ablesen, daß für unterschiedliche Zielfunktionswerte z Geraden entstehen, die wie im obigen Zahlenbeispiel parallel verlaufen. Sie haben alle die gleiche Steigung $-c_1/c_2$ bei unterschiedlichem absoluten Glied z/c_2. Bei Parallelverschiebung einer einzelnen Geraden fällt oder steigt der entsprechende Zielfunktionswert wie das zugehörige absolute Glied z/c_2. Im obigen Zahlenbeispiel sind Geraden, die einen Zielfunktionswert $z < 12000$ repräsentieren, Parallelen unterhalb der eingezeichneten Geraden für $z = 12000$. Geraden mit einem größeren Zielfunktionswert verlaufen oberhalb. Dieser Sachverhalt eröffnet einen Weg, die Auswahl der optimalen Entscheidungsmöglichkeit auf graphische Weise durchzuführen.

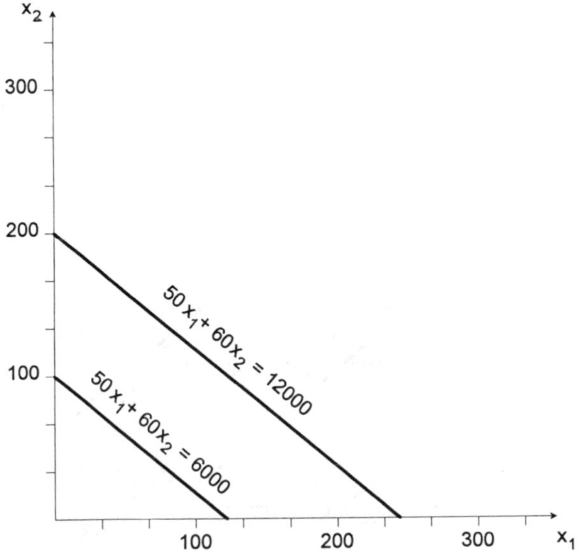

Abbildung 8.2: Darstellung der Zielfunktion für verschiedene Zielfunktionswerte

Wegen der Parallelität der Geraden muß es zwei äußerste Geraden geben, die noch mindestens einen Punkt mit der Punktmenge, welche die Lösungen des Ungleichungssystems darstellt, gemeinsam haben. Eine derartige äußerste Gerade berührt die Lösungsfläche entweder in einer Ecke oder längs einer ganzen Seite. Alle anderen Geraden verlaufen entweder ein Stück innerhalb der Lösungsfläche oder haben überhaupt keinen Punkt mit ihr gemeinsam.

Wie in Abbildung 8.3 zu erkennen ist, ergibt sich der optimale Zielfunktionswert z_{opt} für den Schnittpunkt der beiden Geraden $5\ x_1 + 9\ x_2 = 2250$ und $10\ x_1 + 3\ x_2 = 3000$. Dieser Schnittpunkt stellt das Zahlenpaar ($x_1 = 270$, $x_2 = 100$) dar. Er ist der Berührpunkt, den die Gerade $50\ x_1 + 60\ x_2 = 19500$ mit der

Lösungsfläche des Ungleichungssystems des Beispiels hat. Die zweite Berührgerade (nicht eingezeichnet) geht durch den Nullpunkt und repräsentiert den Zielfunktionswert z = 0. Als optimale Lösung des Programmplanungsproblems ergibt sich eine wöchentliche Produktionsmenge von 270 [ME] des Produktes 1 und 100 [ME] des Produktes 2 bei einem geplanten, wöchentlichen Deckungsbeitrag von 19500 [DM].

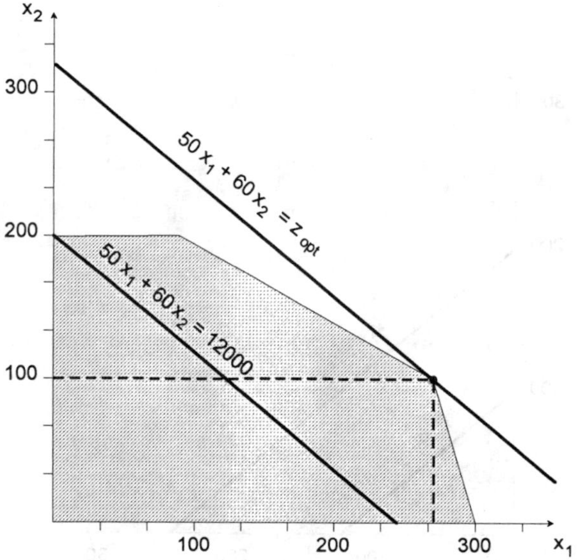

Abbildung 8.3: Graphische Lösung eines zweidimensionalen linearen Programms

8.2 Das Simplexverfahren zur Lösung linearer Programme

Ein Betrieb, der sich mit Starkstromtechnik befaßt, kann in seinen drei Fertigungsabteilungen Ankerwickelei, Spulenwickelei und Endmontage die drei Produkte Elektromotoren, Transformatoren und Rotoren für Generatoren herstellen. Die Abteilung Endmontage arbeitet 40 Stunden [h] und die Ankerwickelei 48 [h] pro Woche. Die Kapazität der Spulenwickelei ist im Rahmen der betrachteten Situation nicht begrenzt. Die Ankerwickelei wird nur von zwei Produkten in Anspruch genommen, nämlich zur Erstellung von Rotoren mit 16 [h/ME] und von Elektromotoren mit 4 [h/ME]. In der Endmontage werden Transformatoren in 20 [h/ME] und Elektromotoren in 10 [h/ME] montiert. Schließlich werden Rotoren und Transformatoren einer Sicherheitsprüfung unterzogen, die 8 [h/ME] bzw. 16 [h/ME] in Anspruch nimmt. Die Prüfabteilung arbeitet 40 [h] pro Woche. Erzielen die Rotoren (Transformatoren, Elektromotoren) eine Deckungsspanne von 200 [DM/ME] (300 [DM/ME], 250 [DM/ME]), und werden die von ihnen herzustellenden Mengen mit x_1 (x_2, x_3) bezeichnet, lautet das entsprechende lineare Programm zur Bestimmung des deckungsbeitragsmaximalen Produktionsprogramms:

$$\begin{array}{rrrcll}
200\ x_1 + & 300\ x_2 + & 250\ x_3 & = & z \rightarrow \max & \text{(Deckungsbeitrag)} \\
8\ x_1 + & 16\ x_2 & & \leq & 40 & \text{(Prüfabteilung)} \\
 & 20\ x_2 + & 10\ x_3 & \leq & 40 & \text{(Endmontage)} \\
16\ x_1 + & & 4\ x_3 & \leq & 48 & \text{(Ankerwickelei)} \\
x_1 \geq 0, & x_2 \geq 0, & x_3 & \geq & 0 & \text{(Produkte)}
\end{array}$$

Die Überführung des angegebenen linearen Programms in ein Gleichungssystem geschieht durch Einführung von *Schlupfvariablen* genannten Platzhaltern für die in den einzelnen Abteilungen nicht genutzten Kapazitäten sowie durch Integration der Zielfunktion in das so aus den Nebenbedingungen entstehende Gleichungssystem:

$$\begin{array}{lrrrrrrrcl}
(0) & 200\ x_1 + & 300\ x_2 + & 250\ x_3 + & 0\ x_4 + & 0\ x_5 + & 0\ x_6 - & z & = & 0 \quad \text{(Zielfkt.)} \\
(1) & 8\ x_1 + & 16\ x_2 + & 0\ x_3 + & 1\ x_4 + & 0\ x_5 + & 0\ x_6 - & 0\ z & = & 40 \quad \text{(Prüfabteilg.)} \\
(2) & 0\ x_1 + & 20\ x_2 + & 10\ x_3 + & 0\ x_4 + & 1\ x_5 + & 0\ x_6 - & 0\ z & = & 40 \quad \text{(Endmontage)} \\
(3) & 16\ x_1 + & 0\ x_2 + & 4\ x_3 + & 0\ x_4 + & 0\ x_5 + & 1\ x_6 - & 0\ z & = & 48 \quad \text{(Ankerwickelei)}
\end{array}$$

Dabei geben x_4, x_5 und x_6 die nicht genutzte Kapazität der Prüfabteilung, der Montageabteilung und der Ankerwickelei in [h] an. Das lineare Programm liegt in zulässiger kanonischer Form vor.

Das *Simplexverfahren* geht immer von einem Gleichungssystem der obigen Art aus. Aus Gründen der Übersichtlichkeit wird das Gleichungssystem jedoch nicht in seiner oben angegebenen expliziten Form verwendet, sondern wird als Tabelle formuliert:

	x_1	x_2	x_3	x_4	x_5	x_6		
GL (1)	8	16	0	1	0	0	0	40
GL (2)	0	20	10	0	1	0	0	40
GL (3)	16	0	4	0	0	1	0	48
GL (0)	200	300	250	0	0	0	–1	0

Da sich aus der Tabelle das Gleichungssystem in seiner expliziten Form stets rekonstruieren läßt, kann sie als Kurzschreibweise für das Gleichungssystem angesehen werden.

Ausgehend von diesem zulässigen kanonischen Tableau und der zugehörigen *Basislösung* $x_1 = 0$, $x_2 = 0$, $x_3 = 0$, $x_4 = 40$, $x_5 = 40$, $x_6 = 48$, $z = 0$, wird ein neues Tableau erstellt. Die Basislösung besagt, daß nichts produziert und folglich ein Deckungsbeitrag von null [GE] erzielt wird. Die Kapazitäten werden natürlich nicht beansprucht, so daß die Schlupfvariablen den Kapazitätsobergrenzen entsprechen. Um der optimalen Lösung näherzukommen, muß ein neues Tableau erstellt werden, das drei Anforderungen zu genügen hat:

(a) Es muß in Kurzschreibweise ein Gleichungssystem darstellen, das zu dem ursprünglichen äquivalent ist.

(b) Es muß das direkte Ablesen einer zulässigen Basislösung des Gleichungssystems ermöglichen, also ein zulässiges kanonisches Tableau sein.

(c) Die entsprechende Basislösung muß für die Variable z einen größeren Wert als den bisher erreichten festlegen.

Zunächst soll untersucht werden, wie die Anforderung (c) erfüllt werden kann. Von der Problemstellung her ist klar, daß das bislang vorliegende Produktionsprogramm, bei dem ja nichts produziert wird, dadurch verbessert werden kann, daß das Produkt mit dem größten Zielbeitrag pro Mengeneinheit mit einer maximal möglichen Ausbringungsmenge in das Produktionsprogramm aufgenommen wird. Die Kapazität mindestens eines Einsatzfaktors wird dann vollständig genutzt. Dieser inhaltliche Sachverhalt entspricht formal der Tatsache, daß diejenige Variable einen positiven Wert erhalten sollte, die den größten Zielfunktionskoeffizienten besitzt. Mit jeder Erhöhung des Wertes dieser Variablen um eins steigt der Zielfunktionswert um den Wert des zugehörigen Zielfunktionskoeffizienten. Im vorliegenden Tableau ist x_2 die Variable mit dem größten Zielfunktionskoeffizienten, nämlich $c_2 = 300$. Der Wert dieser Variablen kann nur solange erhöht werden, als noch gewährleistet ist, daß keine der restlichen Variablen einen negativen Wert erhalten muß, damit das Gleichungssystem noch erfüllt werden kann. Der größtmögliche Wert der Variablen ist daher der kleinste Quotient, der bei Division der rechten Seite durch den jeweils zugehörigen Koeffizienten der Variablen in den Nebenbedingungen entsteht. Dabei werden nur Koeffizienten, die größer als null sind, berücksichtigt. Im vorliegenden Fall wird

$$x_2 = \min (b_1/a_{12}, b_2/a_{22}) = \min (40/16, 40/20) = \min (5/2, 2) = 2$$

gesetzt. Würde x_2 einen Wert größer als 2 erhalten, müßte mindestens eine der übrigen Variablen, nämlich x_4 und x_5, einen negativen Wert annehmen, damit das Gleichungssystem noch erfüllt ist. Eine solche Lösung ist wegen der Nichtnegativitätsbedingung aber nicht zulässig. Folglich ist die maximal mögliche wöchentliche Ausbringungsmenge an Transformatoren aufgrund der begrenzten Kapazität der Montageabteilung auf 2 [ME] pro Woche beschränkt. Wird $x_2 = 2$ gesetzt, muß $x_5 = 0$ gesetzt werden. Der Zielfunktionswert z steigt um $c_2 \cdot x_2 = 300 \cdot 2$, also $z = 600$. Dabei wird die Variable x_2, die bislang Nichtbasisvariable war, Basisvariable, und die bisherige Basisvariable x_5 wird zur Nichtbasisvariablen. Nur Basisvariablen können einen Wert ungleich null erhalten.

Zusätzlich zur Anforderung (c) sind auch die Anforderungen (a) und (b) erfüllt, wenn das neue Tableau so durch äquivalente Umformungen aus dem alten entsteht, daß aus ihm eine Basislösung abzulesen ist, die x_2, x_4, x_6 und z als Basisvariablen enthält und x_1, x_3 und x_5 als Nichtbasisvariablen. Als äquivalente Umformungen des Tableaus sind diejenigen Operationen zugelassen, die äquivalenten Umformungen des zugrundeliegenden Gleichungssystems entsprechen, also Multiplikation einer Zeile mit einem konstanten Faktor ungleich null oder Ersetzung einer Zeile des Tableaus durch die Summe dieser Zeile und einer der anderen Zeilen des Tableaus. Dabei sind die Summe und das Produkt elementweise zu bilden. Durch derartige Umformungen muß gewährleistet werden, daß in der zu der Variablen x_2 gehörigen Koeffizientenspalte in allen Zeilen nur Nullen erscheinen, bis auf die 2. Zeile, in der eine 1 erscheinen muß, während in der Spalte für die rechten Seiten in der 2. Zeile der Wert 2 stehen muß.

Wird diese Vorgehensweise auf die Zeilen des Tableaus übertragen, ergibt sich in Kurzschreibweise

Neue 2. Zeile:	= 1/20 · Alte 2. Zeile			
Neue 1. Zeile:	= Alte 1. Zeile	–	16	· Neue 2. Zeile
Neue 3. Zeile:	= Alte 3. Zeile	–	0	· Neue 2. Zeile
Neue Zielfunktionszeile:	= Alte Zielfunktionszeile	–	300	· Neue 2. Zeile

Führt man diese Umformung durch, erhält man als neues Tableau:

x_1	x_2	x_3	x_4	x_5	x_6	z		
8	0	−8	1	−4/5	0	0	8	Prüfabteilung
0	1	1/2	0	1/20	0	0	2	Endmontage
16	0	4	0	0	1	0	48	Ankerwickelei
200	0	100	0	−15	0	−1	−600	

Dieses Tableau stellt in Kurzschreibweise ein Gleichungssystem dar, das zum ursprünglichen äquivalent ist. Die zugehörige Basislösung ist $x_1 = 0$, $x_2 = 2$, $x_3 = 0$, $x_4 = 8$, $x_5 = 0$, $x_6 = 48$ und $z = 600$. Sie läßt sich rein formal aus dem Tableau ablesen, wenn denjenigen Variablen, in deren Koeffizientenspalten mehr als ein Element ungleich null ist – hier x_1, x_3, x_5 – , der Wert null gegeben wird und den restlichen Variablen jeweils der Wert der rechten Seite derjenigen Zeile verliehen wird, in der die entsprechende Spalte den Koeffizienten 1 bzw. bei der Variablen z den Koeffizienten −1 hat. So erhält beispielsweise hier die Variable x_2 den Wert der rechten Seite der zweiten Zeile und die Variable x_4 den Wert der rechten Seite der ersten Zeile. Bei der Variablen z ist zu berücksichtigen, daß die zugehörige rechte Seite der Zielfunktionszeile den negativen Wert dieser Variablen angibt, da sie in dieser Zeile den Koeffizienten −1 hat.

Das neue Tableau ist wieder ein zulässiges kanonisches Simplextableau, da es sich durch Umnumerierung der Variablen in die entsprechende Form bringen läßt. Durch eine erneute Umformung dieses Tableaus kann man mit analogen Überlegungen wie bei der ersten Verbesserung versuchen, ein weiteres Tableau zu konstruieren, aus dem sich eine erneut verbesserte Lösung ablesen läßt. Die Vorgehensweise ist dabei grundsätzlich die gleiche wie bei der ersten Verbesserung. Für die Anwendung des Verfahrens auf das 1. verbesserte Tableau gilt:

1. Schritt:
Neue Basisvariable wird die Variable x_1, da sie den größten Zielfunktionskoeffizienten im vorliegenden Tableau aufweist. Die zugehörige 1.Spalte wird als *Pivotspalte* bezeichnet.

2. Schritt:
Die Variable x_1 erhält den Wert 1, da gilt:

$$\min \{ b_i/a_{1i} \mid i = 1,\ldots, m;\ a_{1i} > 0\} = \min \{ b_1/a_{11},\ b_3/a_{13} \} = \min \{ 8/8,\ 48/16 \} = 1.$$

Pivotzeile ist daher die 1. Zeile. Das *Pivotelement* als gemeinsames Element von Pivotspalte und Pivotzeile ist der Koeffizient $a_{11} = 8$.

3. Schritt:

Erstellung des 2. verbesserten Simplextableaus. Die erste Zeile (Pivotzeile) wird durch das Pivotelement $a_{11} = 8$ dividiert. Die übrigen neuen Zeilen ergeben sich aus den entsprechenden Zeilen des vorliegenden Tableaus, wenn man diese um ein geeignetes Vielfaches der neuen Pivotzeile verringert. Der Multiplikator wird dabei so gewählt, daß die neue Pivotspalte in allen diesen Zeilen nur Nullen als Elemente besitzt. Der geeignete Vervielfachungsfaktor ist daher für jede Zeile der Koeffizient dieser Zeile in der Pivotspalte. Als zweites verbessertes Simplextableau ergibt sich:

x_1	x_2	x_3	x_4	x_5	x_6	z	
1	0	−1	1/8	−1/10	0	0	1
0	1	1/2	0	1/20	0	0	2
0	0	**20**	−2	8/5	1	0	32
0	0	300	−25	+5	0	−1	−800

mit der Basislösung

$x_1 = 1, x_2 = 2, x_3 = 0, x_4 = 0, x_5 = 0, x_6 = 32$ und $z = 800$.

Eine erneute Anwendung des Simplexverfahrens ergibt, daß nun das Element a_{33} = 20 Pivotelement ist. Es wird im obigen Tableau durch einen Unterstrich kenntlich gemacht. Als drittes verbessertes Simplextableau erhält man

x_1	x_2	x_3	x_4	x_5	x_6	z		
1	0	0	1/40	−1/50	1/20	0	13/5	Prüfabteilung
0	1	0	**1/20**	1/100	−1/40	0	6/5	Endmontage
0	0	1	−1/10	2/25	1/20	0	8/5	Ankerwickelei
0	0	0	5	−19	−15	−1	−1280	

mit der Basislösung

$x_1 = 13/5, x_2 = 6/5, x_3 = 8/5, x_4 = 0, x_5 = 0, x_6 = 0, z = 1280$.

Da ein Zielfunktionskoeffizient ($c_4 = 5$) noch positiv ist, kann die Lösung weiterhin verbessert werden. Eine weitere Anwendung des Simplexverfahrens führt zum Pivotelement $a_{24} = 1/20$ und zu folgendem Simplextableau:

x_1	x_2	x_3	x_4	x_5	x_6	z	
1	–1/2	0	0	–1/40	1/16	0	2
0	20	0	1	1/5	–1/2	0	24
0	2	1	0	1/10	0	0	4
0	–100	0	0	–20	–12,5	–1	–1400

Diese Lösung ist nicht mehr zu verbessern, da die Zielfunktionszeile keine positiven Koeffizienten mehr enthält. Es stellt sich die Frage, welche Lösung für das reale Problem dem Optimaltableau zu entnehmen ist. Das formale Modell liefert die optimale Lösung

$x_1 = 2; x_2 = 0; x_3 = 4; x_4 = 24; x_5 = 0; x_6 = 0; z = 1400.$

Der Übergang von dieser formalen Lösung zur optimalen Lösung des realen Problems wird dadurch erreicht, daß den Variablen wieder diejenigen Sachverhalte zugeordnet werden, die durch sie abgebildet wurden.

In dem betrachteten Beispiel geht es um die Festlegung der wöchentlichen Produktionsmengen von Elektromotoren, Transformatoren und Rotoren. Bei der Formulierung des formalen linearen Modells stand x_3 für die wöchentliche Produktionsmenge an Elektromotoren, x_2 für die an Transformatoren und x_1 schließlich für die an Rotoren. Kehrt man nun diese Zuordnung unter Verwendung der optimalen Lösung des formalen Modells um, so folgt, daß wöchentlich 4 Elektromotoren, keine Transformatoren und 2 Rotoren hergestellt werden sollen. Dieses Produktionsprogramm führt zu einem wöchentlichen Deckungsbeitrag von 1.400,- DM. Weiterhin ist zu fragen, welche ökonomische Bedeutung die Variablen x_4, x_5 und x_6 sowie die ihnen durch die optimale Lösung zugewiesenen Werte haben. Die zulässigen wöchentlichen Produktionsmengen wurden im formalen Modell durch ein System von drei Kleiner-Gleich-Ungleichungen abgebildet. Zur Anwendung des Simplexalgorithmus war es erforderlich, diese Ungleichungen durch Einführung von Schlupfvariablen in Gleichungen zu überführen. Für die Prüfabteilung ergab sich mit x_4 als Schlupfvariable folgende Nebenbedingung:

$8\,x_1 + 16\,x_2 + 0\,x_3 + x_4 = 40.$

Aufgelöst nach x_4 folgt:

$x_4 = 40 - (8\,x_1 + 16\,x_2 + 0\,x_3).$

Der Wert der *Schlupfvariablen* ist also gleich der Differenz zwischen der maximalen wöchentlichen Kapazität in der Prüfabteilung und der tatsächlich ausgenutzten Kapazität. Die Schlupfvariable x_4 steht demnach für die nicht ausgeschöpfte Kapazität der Prüfabteilung. In gleicher Weise stehen x_5 und x_6 für die Leerzeiten in der Montage und der Ankerwickelei. Die Lösungswerte $x_4 = 24$ sowie $x_5 = x_6 = 0$ besagen also, daß in der Prüfabteilung wöchentlich 24 Stunden nicht ausgenutzt werden, während die Abteilungen Montage und Ankerwickelei durch das optimale Produktionsprogramm voll ausgelastet werden.

8.3 Die ökonomische Interpretation der Größen eines Simplextableaus

Zur Interpretation der übrigen Größen in einem Simplextableau bedient man sich einer in den Wirtschaftswissenschaften häufig vorkommenden Fragestellung: In welcher Weise verändert sich die Lösung eines Problems, wenn das Niveau jeweils einer Variablen um eine Einheit geändert wird (Grenzüberlegung)? Bei der ökonomischen Interpretation der Größen in einem Simplextableau wird diese Frage für die Änderung der Werte der Nichtbasisvariablen von null auf eins untersucht.

Ein Simplextableau stellt die Kurzschreibweise eines Gleichungssystems dar. Das in dem Optimaltableau des Produktionsplanungsproblems enthaltene Gleichungssystem soll nun explizit nach den Basisvariablen aufgelöst werden:

$$
\begin{array}{rrrrcrrrr}
1\,x_1 + & 0\,x_3 + & 0\,x_4 + & 0\,z & = & 2 & + 1/2\,x_2 + & 1/40\,x_5 - & 1/16\,x_6 \\
0\,x_1 + & 0\,x_3 + & 1\,x_4 + & 0\,z & = & 24 & - 20\,x_2 - & 1/5\,x_5 + & 1/2\,x_6 \\
0\,x_1 + & 1\,x_3 + & 0\,x_4 + & 0\,z & = & 4 & - 2\,x_2 - & 1/10\,x_5 + & 0\,x_6 \\
0\,x_1 + & 0\,x_3 + & 0\,x_4 - & 1\,z & = & -1400 & + 100\,x_2 + & 20\,x_5 + & 12{,}5\,x_6
\end{array}
$$

Bei der Anwendung des Simplexalgorithmus werden, beginnend mit der Ausgangslösung, sukzessiv Basislösungen erzeugt, bis die optimale Lösung gefunden ist. Den Nichtbasisvariablen (im Beispiel x_2, x_5 und x_6) wird also jeweils ein Wert von null zugewiesen. Von der mathematischen Struktur des Gleichungssystems her können den Nichtbasisvariablen aber auch beliebige andere Werte zugeordnet werden, insbesondere kann also jeweils einer Nichtbasisvariablen der Wert 1 zugewiesen werden. Die hierdurch hervorgerufene Änderung der Lösung läßt sich dann unmittelbar aus dem Gleichungssystem ablesen. Ökonomisch besonders wichtig ist die resultierende Gewinnänderung, die durch die Koeffizienten c_j der Zielfunktionszeile angezeigt wird (Gewinnänderung = Änderung des Deckungsbeitrags). Wird in das obige Gleichungssystem für die Variable x_5 der Wert 1, für die Variablen x_2 und x_6 ein Wert von null eingesetzt, so folgt:

$$
\begin{aligned}
1\,x_1 + 0\,x_3 + 0\,x_4 + 0\,z &= 2 + 1/40 \\
0\,x_1 + 0\,x_3 + 1\,x_4 + 0\,z &= 24 - 1/5 \\
0\,x_1 + 1\,x_3 + 0\,x_4 + 0\,z &= 4 - 1/10 \\
0\,x_1 + 0\,x_3 + 0\,x_4 - 1\,z &= -1400 + 20
\end{aligned}
$$

Die neue Lösung lautet also:

$x_1 = 2{,}025;\ x_2 = 0;\ x_3 = 3{,}9;\ x_4 = 23{,}8;\ x_5 = 1;\ x_6 = 0;\ z = 1380.$

Zu klären ist nun die Frage, welche ökonomische Ursache diese Änderungen hervorruft. Formal resultieren die Änderungen aus der Niveauänderung der Nichtbasisvariablen x_5. Die Schlupfvariable x_5 wurde in die zweite Nebenbedingung eingeführt. Der ihr zugewiesene Wert läßt sich daher als Leerzeit in der Montage interpretieren. Wird nun dieser Variablen willkürlich ein positiver Wert zugewiesen, so ist dies gleichbedeutend mit einer entsprechenden Verringerung der Kapazität. Die Niveauänderung der Variablen x_5 von Null auf Eins entspricht also ökonomisch einer Kapazitätsminderung in der Montage um wöchentlich eine Stunde.

Aus dieser Überlegung folgt als ökonomische Interpretation für die Lösungsänderung: Sinkt die Kapazität der Montageabteilung von 40 auf 39 Stunden in der Woche, muß eine Gewinneinbuße von 20,- [DM] hingenommen werden. Diese Gewinnänderung resultiert aus einer Erhöhung der Produktion von Rotoren um 0,025 Einheiten (Gewinnzuwachs = $0{,}025 \cdot 200 = 5$) sowie aus einer Drosselung der Produktion von Elektromotoren um 0,1 Mengeneinheiten (Gewinneinbuße = $0{,}1 \cdot 250 = 25$). Die Leerzeit der Prüfabteilung sinkt wöchentlich um 0,2 Stunden.

Für diese Interpretationsmöglichkeit ist es natürlich nicht erforderlich, das Gleichungssystem explizit aufzuschreiben und nach den Basisvariablen aufzulösen, da die Informationen bereits im Simplextableau enthalten sind. Zu beachten ist nur, daß die Koeffizienten a_{ij} und c_j dort mit umgekehrtem Vorzeichen stehen.

Zusammenfassend ist festzustellen, daß die Koeffizienten a_{ij} einer Schlupfvariablen, die Nichtbasisvariable ist, sich in einem Produktionsplanungsproblem als *Anpassungskoeffizienten* interpretieren lassen. Sie geben an, in welcher Weise das Produktionsprogramm bei einer Kapazitätsminderung anzupassen ist. Der *originäre Dualwert* dieser Variablen gibt die Gewinnänderung an, die durch eine Kapazitätsverminderung um eine Einheit verursacht wird.

Ökonomisch liegt es nahe, die originären Dualwerte als Grenzgewinne der Abteilungen bzw. der Produktionsfaktoren zu interpretieren. Bei dieser Interpretation wird es häufig als störend empfunden, daß den originären Dualwerten im Simplextableau nichtpositive Werte zugeordnet werden, während für eine ökonomische Bewertung der Faktoren nur nichtnegative Werte in Frage kommen. Dieses Problem läßt sich aber leicht ausräumen, wenn man bedenkt, daß normalerweise bei solchen Grenzüberlegungen gefragt wird, welche Gewinnänderung durch eine Erhöhung des Faktoreinsatzes um eine Einheit hervorgerufen wird. In einem Simplextableau läßt sich dagegen unmittelbar nur die Gewinnänderung ablesen, die aus einer Verminderung der Faktorkapazität um eine Einheit resultiert. Es ist daher zulässig, die originären Dualwerte mit ihren absoluten Werten als *Grenzgewinne der Faktoren* zu interpretieren. Den Faktoren, die nicht voll ausgeschöpft werden, werden Grenzgewinne von null, den übrigen positive Grenzgewinne zugewiesen.

Das formale Modell läßt sich noch weiter analysieren. Im folgenden wird die Veränderung der optimalen Lösung des formalen Modells untersucht, wenn das Niveau der Variablen x_2 von null auf eins angehoben wird. Außerdem wird die Lösungsänderung ökonomisch interpretiert.

Wird in das nach den Basisvariablen aufgelöste Gleichungssystem für die Variable x_2 der Wert 1, für die restlichen Nichtbasisvariablen der Wert null eingesetzt, so folgt:

$$\begin{aligned}
1\,x_1 + 0\,x_3 + 0\,x_4 + 0\,z &= 2 + 1/2 \\
0\,x_1 + 0\,x_3 + 1\,x_4 + 0\,z &= 24 - 20 \\
0\,x_1 + 1\,x_3 + 0\,x_4 + 0\,z &= 4 - 2 \\
0\,x_1 + 0\,x_3 + 0\,x_4 - 0\,z &= -1400 + 100
\end{aligned}$$

Die neue Lösung lautet:

$x_1 = 2{,}5;\ x_2 = 1;\ x_3 = 2;\ x_4 = 4;\ x_5 = 0;\ x_6 = 0;\ z = 1300.$

Ökonomisch entspricht der Wertänderung der Variablen x_2 die wöchentliche Produktion eines Transformators. Um die hierzu notwendige Kapazität verfügbar zu machen, muß das Produktionsprogramm entsprechend angepaßt werden. Statt 2 werden nun 2,5 Rotoren pro Woche hergestellt, die Produktion der Elektromotoren sinkt dagegen von 4 auf 2 Einheiten. Die Kapazität der Prüfabteilung wird wesentlich besser ausgenutzt; die Leerzeit sinkt um 20 Stunden auf 4 Stunden pro Woche. Der Gewinn sinkt um 100,- [DM]. Die Gewinnänderung läßt sich auch aus der Änderung des Produktionsprogramms ableiten. Die Herstellung eines Transformators bewirkt einen Gewinnzuwachs von 300,- [DM], die eines halben zusätzlichen Rotors 100,- [DM]; zusammen ergibt sich also ein Gewinnzuwachs von 400,- [DM]. Durch die Drosselung der Elektromotorenproduktion um 2 Stück entsteht eine Gewinneinbuße von $2 \cdot 250 = 500$,- [DM]. Die gesamte Gewinnänderung beträgt also -100,- [DM]. Auch diese Informationen lassen sich unmittelbar dem Simplextableau entnehmen.

Die Koeffizienten a_{ij} einer Strukturvariablen, die Nichtbasisvariable ist, lassen sich in einem Produktionsplanungsproblem als *Anpassungskoeffizienten* interpretieren. Sie geben an, in welcher Weise das Produktionsprogramm geändert werden muß, wenn von dem durch die Nichtbasisvariable bezeichneten Produkt genau eine Einheit hergestellt werden soll. Der *derivative Dualwert* c_j dieser Variablen gibt die Gewinnänderung an, die durch die Produktion einer Einheit des j-ten Produktes verursacht wird; er kann daher als Grenzgewinn dieses Produktes interpretiert werden.

Zum Schluß dieses Abschnittes soll noch auf eine Beziehung zwischen den originären und derivativen Dualwerten hingewiesen werden. In der betriebswirtschaftlichen Kostenwerttheorie wird gezeigt, daß Produktionsfaktoren mit Grenzausgaben zuzüglich Grenzgewinnen zu bewerten sind, wenn sie über die Bewertung in die gewinnbringendsten Verwendungsrichtungen gelenkt werden sollen. In den Deckungsspannen eines Produktionsplanungsproblems, die in das Ausgangstableau eingehen, sind die Grenzausgaben für die Faktoren bereits berücksichtigt. Um von diesen pagatorischen zu den sogenannten wertmäßigen Deckungsspannen der Produkte zu gelangen, müssen noch die Grenzgewinne der Faktoren zur Bewertung der Produkte herangezogen werden. Hierzu sind von den pagatorischen Deckungsspannen die Grenzgewinne der Faktoren (absolute Werte der originären Dualwerte), multipliziert mit den jeweiligen Produktionskoeffizienten, zu subtrahieren. Für die wertmäßige Deckungsspanne des ersten Produktes (Rotoren) gilt dann:

$$200 - (0 \cdot 8 + 20 \cdot 0 + 12{,}5 \cdot 16) = 0.$$

Allgemein gilt, daß die wertmäßigen Deckungsspannen der Basisvariablen gleich Null sind. Für das zweite Produkt berechnet sich die wertmäßige Deckungsspanne mit

$$300 - (0 \cdot 16 + 20 \cdot 20 + 12{,}5 \cdot 0) = -100.$$

Diese Ergebnisse lassen sich verallgemeinern: Die wertmäßigen Deckungsspannen der Produkte sind gleich ihren derivativen Dualwerten in einem Simplextableau. In den Produktionsplanungsbeispielen dieses Kapitels ging es allgemein darum, beschränkte Ressourcen (Produktionszeit der Abteilungen) optimal auf verschiedene Verwendungsrichtungen (Produkte) aufzuteilen. Dieser Typ linearer Programme wird als *Allokationsproblem* bezeichnet.

Aufgabe 8.1:

Ein Unternehmen stellt die Produkte 1 und 2 auf derselben Anlage her. Diese Anlage steht 50 [ZE] in der Woche zur Verfügung. Für die Herstellung des 1. Produktes werden 5 [ZE/ME] und für die Herstellung des 2. Produktes werden 10 [ZE/ME] benötigt. Ferner werden in die beiden Produkte zwei knappe Rohstoffe I und II eingearbeitet. Vom Rohstoff I stehen 30 [FE] pro Woche und vom Rohstoff II 16 [FE] pro Woche zur Verfügung. Zur Herstellung einer [ME] vom Produkt 1 braucht man 5 [FE] des Rohstoffs I und 1 [FE] des Rohstoffs II. Um eine [ME] des Produktes 2 herzustellen, braucht man 2,5 [FE] von I und 4 [FE] von II. Der Verkaufspreis p [DM/ME] ist für beide Produkte konstant und gleich. Gesucht wird das umsatzmaximale Produktionsprogramm.

Bilden Sie das obige Problem als lineares Programm ab, und lösen Sie es auf graphische Weise.

Aufgabe 8.2:

Die wöchentliche Fertigungssituation eines Betriebes, der die Produkte A, B und C herstellen kann, läßt sich durch folgende Daten kennzeichnen:

	A	B	C		
Abteilung 1:	10.7	5.0	2.0	2705	maximal mögliche
Abteilung 2:	5.4	10.0	4.0	2210	Einsatzzeiten in
Abteilung 3:	0.7	1.0	2.0	445	[ZE]
Deckungsspanne in [DM] pro [ME]	10	15	20		

Die Eintragungen in der Tabelle geben an, wieviel Zeiteinheiten zur Produktion eines der Produkte in den einzelnen Abteilungen verbraucht wird. Gesucht ist das unter diesen Bedingungen optimale Produktionsprogramm.

a) Bilden Sie das Problem durch ein lineares Programm ab.

b) Führen Sie Schlupfvariablen ein, und erstellen Sie ein zulässiges kanonisches Ausgangstableau.

c) Wenden Sie das Simplexverfahren auf dieses Ausgangstableau an, und ermitteln Sie die optimale Lösung. Interpretieren Sie Ihre Ergebnisse.

Literaturhinweise und Leseliste zum 8. Kapitel:

Einführende Literatur:

Hilke, W., Zielorientierte Produktions- und Programmplanung, 4. Auflage, Neuwied 1993.

Jacob, H., Die Planung des Produktions- und Absatzprogramms, in: Jacob, H., Industriebetriebslehre, 4. Auflage, Wiesbaden 1990.

Witte, Th., Deppe, J.F., Born, A., Lineare Programmierung, Wiesbaden 1975.(*)

Weiterführende Literatur:

Dantzig, G. B., Lineare Programmierung und Erweiterungerungen, Berlin, Heidelberg, New York 1966.

(*) Pflichtlektüre

Stichwortverzeichnis

Literaturverzeichnis

Adam, D., Entscheidungsorientierte Kostenbewertung, Wiesbaden 1970.

Adam, D., Planung und Entscheidung, Modelle-Ziele-Methoden, 3. vollst. überarb. u. erw. Auflage, Wiesbaden 1993.

Adam, D., Produktionsmanagement, 7. vollst. überarb. u. erw. Auflage, Wiesbaden 1993.

Berr, U., Materialbedarfsplanung mit Stücklistenauflösung, in: Handwörterbuch der Produktionswirtschaft, hrsg. von Kern, W., Stuttgart 1979.

Bloech, J., Lücke, W., Produktionswirtschaft, Stuttgart, New York 1982.

Cordes, W., Produktion in der Eisen- und Stahlindustrie, in: Handwörterbuch der Produktionswirtschaft, hrsg. von Kern, W., Stuttgart 1979.

Dantzig, G. B., Lineare Programmierung und Erweiterungen, Berlin, Heidelberg, New York 1966.

Ellinger, T., Haupt, R., Produktions- und Kostentheorie, 2. Auflage, Stuttgart 1990.

Fandel, G., Produktion I, Produktions- und Kostentheorie, 4. Auflage, Berlin, Heidelberg 1994.

Gutenberg, E., Grundlagen der Betriebswirtschaftslehre, Band 1, Die Produktion, 23. Auflage, Berlin u.a. 1979.

Heinen, E., Betriebswirtschaftliche Kostenlehre, 6. Auflage, Wiesbaden 1983.

Hilke, W., Zielorientierte Produktions- und Programmplanung, 4. Auflage, Neuwied 1993.

Hoitsch, H.-J., Produktionswirtschaft, 2. völlig bearb. u. erw. Auflage, München 1993.

Jacob, H., Die Planung des Produktions- und Absatzprogramms, in: Jacob, H., Industriebetriebslehre, 4. Auflage, Wiesbaden 1990.

Jehle, E., Müller, K., Michael, H., Produktionswirtschaft, 3. Auflage, Heidelberg 1990.

Koch, H., Zur Frage des pagatorischen Kostenbegriffes, in: ZfB, 29 Jg. (1959).

Kortzfleisch, G., Systematik der Produktionsmethoden, in: Jacob, H., Industriebetriebslehre, 4. Auflage, Wiesbaden 1990.

Küpper, H.U., Produktionstypen, in: Handwörterbuch der Produktionswirtschaft, hrsg. von Kern, W., Stuttgart 1979.

Leontief, W., Studies in the Structure of the American Economy, New York 1953.

Lücke, W., Produktionstheorie, in: Handwörterbuch der Produktionswirtschaft, hrsg. von Kern, W., Stuttgart 1979.

Müller-Merbach, H., Die Inversion von Gozinto-Matrizen mit einem graphenorientierten Verfahren, in: Elektronische Datenverarbeitung, Heft 7 1969.

Rieper, B., Betriebswirtschaftliche Entscheidungsmodelle, Herne 1992.

Scheer, A. W., Wirtschaftsinformatik, 4. Auflage, Berlin u.a. 1994.

Schulze, J., Produktion in der Chemischen Industrie, in: Handwörterbuch der Produktionswirtschaft, hrsg. von Kern, W., Stuttgart 1979.

Stahlknecht, P., Einführung in die Wirtschaftsinformatik, 6. Auflage, Berlin u. a. 1993.

Ulrich, H., Die Unternehmung als produktives soziales System, 2. Auflage, Bern und Stuttgart 1970.

Vaszonyi, A., Die Planungsrechnung in Wirtschaft und Industrie, Wien, München 1962.

Witte, Th., Produktionsfunktionen und ihre betriebswirtschaftliche Bedeutung, in: WISU Heft 8 und 9, 1988.

Witte, Th., Heuristisches Planen, Wiesbaden 1979.

Witte, Th., Deppe, J.F., Born, A., Lineare Programmierung, Wiesbaden 1975.

Zäpfel, G., Produktionswirtschaft, Operatives Produktions-Management, Berlin, New York 1982.

SCHRIFTEN ZUR PRODUKTION

Herausgegeben von Thomas Witte und Bernd Rieper

Band 1 Norbert Heimann: Betriebliche Systeme der Arbeitssicherheit. Grundlagen und Gestaltung. 1985.

Band 2 Klaus Neumann: Betriebliche Umweltschutzplanung mit Hilfe der Simulation. Ein integrierter Planungsansatz mit Anwendung auf einen landwirtschaftlichen Betrieb. 1985.

Band 3 Jürgen Overfeld: Produktionsplanung bei mehrstufiger Kampagnenfertigung. Untersuchung zur Losgrößen- und Ablaufplanung bei divergierenden Fertigungsprozessen. 1990.

Band 4 Peter Feil: Die wissensbasierte Lagerhaltungssimulation zur Unterstützung einer verbrauchsgesteuerten Disposition. 1992.

Band 5 Bernd Rieper / Thomas Witte: Grundwissen Produktion: Produktions- und Kostentheorie. 1992, 3., überarb. Aufl. 1995.

Band 6 Jutta Brockhage: Produktionsplanung und -steuerung in einer Großreparaturwerkstatt mit objektorientierter datengetriebener Simulation. 1994.

Band 7 Kai-Uwe Lindner: Datengetriebene Simulation in der Fertigung. 1994.

Band 8 Bernhard Behrens: Computergestütztes Ausgaben-Controlling bei der Beschaffung komplexer Produktionssysteme am Beispiel des Rohkarosseriebereichs im Automobilbau. 1994.

Band 9 Claudia Haarmann: Kosteninformationen durch Simulation. 1994.

Denis Maier

Einführungsstrategien für Fertigungssegmentierung

Eine empirische Untersuchung

Frankfurt/M., Berlin, Bern, New York, Paris, Wien, 1994. VI, 191 S., zahlr. Abb. u. Tab.
Europäische Hochschulschriften: Reihe 5, Volks- und Betriebswirtschaft. Bd. 1544
ISBN 3-631-47354-0 br. DM 64.--*

Ein markt- und wettbewerbsinduzierter Wertewandel hat zu Anforderungen geführt, die in vielen Unternehmen eine grundlegende Restrukturierung der bestehenden Produktions- und Logistikstrukturen erfordern. Ein Ansatz hierzu stellt das Konzept der modularen Fabrik durch Einführung von Fertigungssegmenten dar. Auf der Basis von 32 Fallstudien, die in 24 Unternehmen unterschiedlichster Größe und Branche durchgeführt wurden, werden vom Autor Handlungsempfehlungen zur Einführung von Fertigungssegmenten abgeleitet, die den unterschiedlichen Gegebenheiten in den verschiedenen Unternehmungen Rechnung tragen. Die einzelsegment- und unternehmensbezogenen Einführungsstrategien werden durch eine ergebnis- und prozeßbezogene Bewertung zu einer ganzheitlichen Vorgehensweise ergänzt.

Aus dem Inhalt: Organisationsentwicklung in der Produktion durch Fertigungssegmentierung · Situativer Ansatz · Einzelsegmentbezogene/unternehmensbezogene Einführungsstrategien